_______________________ 님

김병후, 황인국 드림

청소년 마음 건강 이야기

우리가 만난 동굴 속 아이들

김병후, 황인국 지음

공감과 연대를 위하여

25년 전, 마음이 힘든 아이들이 있었다. IMF 외환위기의 결과로 부모의 실직, 사업 실패, 부부 갈등, 이혼 등으로 이어진 가정 해체에 따라 자신의 의지와 무관하게 피해자가 된 아이들이었다. 마음 둘 곳 없던 아이들은 가출, 무단결석, 크고 작은 사건·사고로 이어지면서 결국 학교 밖 청소년이 되어 한국청소년재단을 만나게 되었다.

부모의 경제적 이유로 힘들어하는 아이들도 여전히 많지만, '나만의 세상'으로 안내하는 스마트폰에 몰입하는 문제가 더욱 심각해졌다. 아이들은 재미없는 학교와 입시만을 강요하는 사회를 거부하고 스마트폰 속에서 세상과 단절하게 되었다. 그리고 코로나19로 인하여 자발적인 고립을 선택할 수밖에 없는 상황이 되기도 했다.

많은 통계와 수치들은 우리 사회가 청소년과 청년들을 노동 시장에 유입될 예비 노동 인력으로만 치부하고 있음을 보여준다. 어쩌면 아이들은 기성세대의 무지와 우리 사회 시스템, 문화의 몰개념에 저항하는 수단으로 고립을 선택하는 것일 수도 있다.

니체는 '끊임없이 자신을 극복하기 위해서 나는 고독이 필요하다'고 하였으나, 오늘의 아이들은 고립을 극복하기 위해 함께 공감해 주고 지지해 주는 친구를 필요로 하고 있다. 아이들이 함께 뛰고 땀 흘리고 손잡고 팀워크를 배우면서 관계 맺는 법, 함께 즐거워하는 법을 배운다. 이는 수천, 수만 년 동안 모든 인류에게 흐르고 있는 DNA를 회복하는 일이기도 하다.

아이들이 왜 힘들어하는지, 그 상황, 상황에 맞게 우리는 무엇을 해야 하는지, 경험과 사례를 모으고 펼치고자 한다. 그러나 이것은 미미한 시작에 불과하다. 국가와 지자체, 시민사회, 각계 전문가 그룹이 청소년·청년의 상처에 공감하고 진심 어린 손을 내밀 때, 우리 사회의 미래는 희망으로 전환될 것이다.

2025년 11월 27일
'한국청소년재단 25주년을 기념하며'
김병후, 황인국

C / O / N / T / E / N / T / S

김병후

마음이 자라는 시간

마음 출구를 묻다

(3장) 아이들의 마음, 사회의 책임을 묻다

01

마음이 자라는 시간

김병후

청소년 마음 건강에 대한 글을 쓰며

마음은 무엇일까? 마음은 상대가 있어야 존재한다. 소통과 교류 속에서만 긍정적으로 성장한다. 인간 행복은 마음에 의해 결정되고, 문명은 마음 총합의 결과다. 청소년 마음은 인간 성장의 결정적 시기를 담당한다. 불안과 우울을 겪는 청소년이 급격히 늘어나고 있다, 최근 15년 동안 2.5배 증가했다. 왜 마음이 힘들어졌는지가 분석되어야 한다.

미래는 AI를 활용한 효율 사회가 된다. 하지만 높은 효율도 마음에 들지 않으면 의미는 없어진다. 인간의 선택이 기계의 효율성일지, 생명체의 감성일지를 봐야 한다. 만약 감성이라면 현재 우리 청소년들에게 얼마나 감성 교육이 시행되고 있는지는 그만큼 중요하다. AI와 지적 발전 교육과 함께 인간 마음을 충족시킬 감성에 대한 대비가 있어야 한다. 감성과 마음에 대한 이해 교류 능력은 간과하였던 체험에 의해서만 습득된다.

체험 교육은 자연적 인간 행동에 근거해야 하며 근본이 소통과 교류다. 원형이 아동기와 청소년기의 놀이이며, 발전 형태가 체험교육이다. 입시를 위해 배제된 자연적 교류가 복원되어야 청소년 정신건강이 회복되고 동시에 또래와의 적극적 교류, 논쟁과 타협 그리고 예측할 수 없는 자연에 대한 적응 능력이 습득되어야 우리 아이들의 감성이 건강하게 습득된다. 온전한 미래 사회를 대비하기 위해서 절대적으로 필요한 명제다.

1장

청소년
그리고 마음 이해하기

사례 1

/

고등학교 2학년 남학생

진료실에서 난감한 상황이 벌어졌다. 고등학교 2학년 남학생이 갖고 온 볼펜으로 자신의 눈을 찌를 수 있다고 말하더니, 볼펜을 쥐어 잡은 손을 번쩍 들어올렸다. 그러고는 천천히 자신의 눈을 겨냥했다. 순간 놀라서 그 학생의 손을 잡고 볼펜을 빼앗았다. 정말로 눈을 상하게 하려 했는지는 모르겠지만 그대로 뒀다가 큰일이라도 날까 싶어 가만히 두고 볼 수는 없었다.

보기엔 순하고 말투도 부드러운, 귀하게 생긴 친구였다. 자신의 몸을 해칠 특별한 목적도 없고, 부모와의 갈등도 없었다. 어머니는 조용하고, 아들을 걱정하면서도 크게 동요하지 않는 편이었다. 집에서 자해 행동은 계속되었고, 어머니는 그 때문에 크게 괴로워하고 있었다. 자해는 중학교 2학년 때부터 시작되어, 팔, 다리, 허벅지 등에 상처가 있었다.

　힘들어하는 것은 친구 문제였다. 가장 하고 싶은 것이 자신을 괴롭혔던 아이들에게 잔인하게 복수하는 것이라고 한다. 그렇다고 상대에게 폭력을 행사한 적은 없었다. 대신 고통스러운 과거가 떠오를 때마다 자해를 하였다. 그 이상 자세한 이야기는 하지 않으려 하였다. 나중에 알게 된 사실로는 화장실에서 인간으로서 감당하기 힘든 모욕을 당했다는 것이다. 그것도 친했던 친구들에게 지속적으로 말이다. 그런 일을 당한 이유가 어처구니없다. 약한 다른 친구를 괴롭히는 데 동참하지 않았다는 것. 그는 더 이상 말하지 않았다.

사례 2

/

외동딸의 고등학교 적응

　늦은 나이에 얻은 외동딸. 아버지는 그녀를 각별히 아꼈고, 원하는 것은 무엇이든 해주려 하였다. 어떤 학원과 선생님이 좋은지 직접 알아보았고, 인공지능이든 음악이든 딸에게 필요한 것이라면 아버지가 먼저 공부한 뒤 딸에게 가르쳐 줄 정도였디. 아버지는 딸이 사신을 좋아한다고 믿고 있었다.

　어릴 때 딸은 아버지에게 다정했지만, 고등학교에 진학한 후 말수가 줄고 부모를 점점 멀리했다. 딸을 위해 학군이 좋은 곳으로 이사까지 했지만, 딸은 초등학교와 중학교 친구들을 무척 좋아해서, 이사와 전학을 원하지 않았다. 새로운 학교에서는 친구 사귀기가 어려웠다. 공부가 우선인 분위기 속에서 인간관계는 이전과 완전히 달라졌다.

　부모는 딸이 힘들어하는 것을 눈치채지 못했다. 밝던 아이가 무기력해지면서, 속마음을 털어놓지 않았기 때문이다. 사실 딸은 부모와의 관계를 어려워하고 있었다. 아버지는 딸과 가깝다고 믿었지만, 딸은 아버지와 대화하는 것을 힘들어했다. 관심과 배려는 알겠지만, 편안하지 않았다.

　전에 다니던 학교는 함께 자란 친구들이 있어 마음이 편하였다. 새 학교에는 그런 친구들이 없었고, 엄마와는 말이 통하지 않았다. 엄마는 공부 외의 것에는 무관심했다. 방과후 친구들과의 만남도 허락되지 않았기에 한때 즐거움이었던 친구들과 보내는 시간이 사라지면서 딸은 점점 희망을 잃어갔다. 부모는 자주 다투었다. 하지만, 딸의 학업에 대한 기대만큼은 부모 모두 컸다. 아버지는 자유를 줬지만 엄마는 엄격히 통제하여 딸의 삶은 엄마의 지시에 따라야 했다. 공부 외에는 모든 것이 제한된 생활 속에서, 딸은 점점 집과 학교를 모두 버거워했다.

사례 3

/

자살 시도와 그 후

가방에 몽둥이를 넣고 다녔다. 말이 통하지 않는 어른들을 때려주기 위해서. 그러다 입대한다. 컴퓨터에 능숙하여 통신병으로 배치되었고, 시간이 지날수록 자살 방법만을 떠올리게 되었다. 예전부터 살고 싶다는 생각이 없었다. 군대는 가야 해서 왔을 뿐, 여기서 사라진다고 해도 미련이 없었다. 목 맨 상태에서 죽기 직전 발견되었고, 자살은 실패로 끝났다.

명문대생이었다. 부족할 것 없는 가정에서 자랐지만, 한 번도 행복을 느껴본 적이 없었다. 공부는 잘했지만 친구는 없었다. 중·고등학교 시절 성적이 좋아 주변에 아이들이 있었지만, 친한 친구는 없었다. 대학에서는 완전히 혼자였다. 학창 시절에 친구들과 논 기억이 없다. 어릴 때부터 아버지가 좋은 컴퓨터를 사주어, 그것으로 하는 게임만이 유일한 즐거움이었다. 하지만 그조차도 큰 의미가 없었다.

기억 속에는 4~5살 때 바퀴 달린 신발을 갖고 싶었지만, 엄마가 위험하다고 사주지 않았다. 세발자전거도 못 타게 하였다. 아파트에서 친구들과 노는 것도 차가 다닌다는 이유로 허락되지 않았다. 그는 외동이었고, 늘 혼자였다. 친구들과 함께 논 기억이 없다. 초등학교 시절, 친구들은 연예인이 입는 것과 비슷한 옷을 입었지만, 그는 부모가 허락하는 옷만 입었다. 음악은 교수인 부모가 권하는 클래식만 들어야 했다. 연주회는 가지만, TV는 금지다. 유일하게 자유로웠던 것은 컴퓨터였다. 대학에서는 완전히 혼자였다.

점점 이유 없는 분노를 느꼈다. 어느 날, 시끄럽게 떠드는 어른들을 보면서 때리고 싶은 충동이 일어났다. 그 후 가방에 몽둥이를 넣고 다니기 시작한다. 거슬리는 인간을 공격할 날을 기대하며.

사례 4

/

사이버 폭력과 자살 충동

우등생이었던 딸이 학교에 가기를 거부했다. 자신을 좋아하던 남학생과의 갈등이 시작되면서, 그 남학생이 SNS에 두 사람의 성적 관계를 암시하는 글을 올린다. 그 일을 학교 폭력으로 신고하게 되면서 결국 문제가 발생하게 된다. 학폭위 결과 남학생이 입시에 불이익을 받을 가능성이 생겼고, 법적 다툼으로 번지면서 주변에 더더욱 알려지게 되고 상황은 더 나빠지게 되었다.

SNS에 퍼지면서, 딸은 극심한 자살 충동을 느끼고 학교를 거부한다. 해결될 기미가 보이지 않자, 부모는 전학을 결정했지만, 늦어지면서 딸은 더 힘들어했다. 사실이든 아니든 이미 소문이 퍼졌고, 되돌릴 방법은 없었다. 상대 남학생도 성적이 좋았기에, 좋은 대학에 갈 기회를 잃었다고 동정하는 소리도 있었다. 딸은 점점 더 절망에 빠져들고 있었다.

어느 대안학교 졸업식 행사   1.2

이 대안학교를 졸업하려면 자서전을 작성해야 한다. 어린 시절부터 졸업하는 순간까지의 삶을 되돌아보는 과정이다. 대부분 유년 시절엔 밝고 활발했지만, 학교에 가면서 어려움을 겪기 시작한다고 회상한다. 이사나 전학, 혹은 친구들과 떨어진 학교에 배정되면서 관계가 어려워진 경우도 있고, 별다른 이유 없이 친구들과 멀어지기도 한다.

학교생활이 힘들어지면서 부모와 갈등이 생기기도 하고, 불안과 우울로 병원을 찾고 약을 먹게 되기도 한다. 어느 날, 아무것도 하지 않는 자신을 발견한다. 게으른 자신과 적응 못하는 아이가 되었다는 사실에 충격을 받는다. 더 학교를 거부하고 친구들과도 멀어지면서 고립되어 간다. 사는 게 어떤 의미기 없어진다.

그러다 대안학교에 오게 되었다. 이곳은 일반 학교와 다르다. 공부가 최우선이 아니다. 학생 수가 적어 친해질 기회가 많아지면서, 눈을 피하며 말수도 적고 목소리도 낮았던 아이들이 점차 변해간다. 학교에서는 존재감이 없었지만, 여기서는 작은 말 한마디에도 관심을 받는다.

이 대안학교는 청소년 수련관이나 청소년 문화의집에 있다. 그곳의 직원들은 아이들에게 관심을 갖고 대하며, 우선 대안학교에 적응할 수 있도록 돕는다. 선생님들은 아이들이 자신을 찾을 수 있도록 돕고, 먼저 친구들과 친해지도록 이끈다. 인간이 집단 속에서 살아가기 위해선 먼저 구성원의 일부가 되어야 하듯, 친구들과의 관계 형성이 가장 중요한 과정이 된다.

말이 없던 아이들도 친구들과 지내면서 관계를 만들어간다. 학생 수가 적어 각자의 개성이 드러난다. 이곳에서는 규격 맞춤이 우선이 아니다. 개성이 살아나야만 아이들이 적응할 가능성이 높아지기 때문이다. 자율성이 최우선으로 보장된다. 하고 싶은 일이 있다면 최대한 허용하고, 행동을 제지하기보다는 존중하고 격려하는 분위기를 만든다.

졸업식에서 졸업생들은 자서전을 통해 자신이 어떻게 변화했는지를 발표한다. 말없던 아이들이 수많은 청중 앞에서 당당히 자신의 감정을 이야기한다. 그 과정이 담긴 이야기를 후배들과 함께 뮤지컬로 공연까지 한다. 진솔한 삶의 이야기가 그대로 무대에서 펼쳐지고, 아이들은 노래하고, 춤추고, 사회를 보고, 연기하며 웃는다. 믿기 어렵지만, 이들이 과거 학교에 적응하지 못하고 숨어 지내던 아이들이었다.

이렇게 변화할 수 있었던 이유는 무엇일까? 학교 환경이 일부 아이들에게는 적응하기 어려운 곳이 아니었을까? 현대 학교가 더 이상 친교와 교류의 장이 되지 못한 것은 아이들의 문제일까? 인재 양성을 목표로 한 교육이 정작 아이들의 감성과 너무 동떨어진 것은 아닐까? 청소년기에 정말 중요한 것은 무엇일까? 이런 질문을 던지게 한 졸업식이었다.

사는 이유를 모르고, 죽어도 상관없다고 생각했던 아이들은 자신이 처한 환경에서 어떤 긍정적인 감정도 느끼지 못했기 때문이 아니었을까? 졸업식에서 부모를 껴안고 우는 아이들이 많았다. 이런 모습은 요즘의 일반 학교 졸업식에서는 거의 보기 어렵다. 밝아진 얼굴, 선후배와 농담하고 장난치는 모습, 선생님을 놀리고 환호하는 아이들의 모습. 이 장면들은 지금의 장노년층이 어릴 적 학교에서 경험했던 익숙한 풍경이었다. 그런 행복이 과거가 되었다.

정신 건강 관점에서의 현실

청소년들의 정신 건강이 급격히 악화되고 있다는 보고가 주요 선진국에서도 유사한 형태로 나타난다. 특히 2010년대 이후 청소년기를 보낸 Z세대에서 이러한 현상이 두드러진다. 조너선 헤이트의 저서 《불안 세대》는 주요 선진국 청소년들의 불안과 우울이 국제적으로 비슷한 시기에 급증했다는 충격적인 통계를 소개한다. 2012년경부터 이러한 증상이 급격히 증가했으며, 자기 보고에 따르면 여자 청소년의 경우 147%, 남자는 161% 증가해 약 2.5배에 달한다.

저자는 한 원인으로 2010년 카메라 기능이 추가된 스마트폰의 대중화와, 2012년 인스타그램이 페이스북에 인수되며 본격적인 소셜 미디어 플랫폼으로 자리 잡은 것을 지목한다. Z세대는 이 시기에 청소년기를 시작했으며, 이전 세대의 정신 건강 상태와 비교했을 때 급격한 악화를 보였다. 동시에 학교에서 친구가 없어 외로움을 느낀다는 보고가 선진국을 중심으로 증가하기 시작하였다.

활동이 줄어든 현대의 청소년

정신질환 중 우울과 불안은 내면화 질환으로 분류된다. 2.5배 증가한 우울과 불안과는 달리, 외현화 질환이라 불리는 행동 장애나 폭력은 오히려 감소했다. 이는 아이들 간의 교류가 줄고 활동량이 감소한 현실을 반영한다. 소셜미디어의 꾸며진 삶을 본 청소년들은 자신과 비교하며 열등감을 느끼고, 대학 입시에 대한 부모의 관심 증가와 유괴·납치 사건 보도 등의 영향으로 청소년의 바깥 활동이 제한되면서 더욱 위축되었다. 영어권 국가에서는 등·하교 시 부모 동반을 의무화하는 정책이 늘어나며, 아이들은 밖에서 자유롭게 노는 경험을 잃게 되었다.

우리의 현실

우리나라 청소년 정신 건강도 예외는 아니다. 과거 정신건강의학과 입원 병동에는 주로 조현병이나 조울증 환자들이 있었지만, 최근에는 자해나 자살 시도를 한 청소년들이 그 자리를 채우기 시작했다. 정신질환자의 인권 보호 강화로 비어가던 정신병동에 우울과 불안으로 자해·자살을 시도한 청소년들의 입원이 급증했다. 외래 치료를 받는 청소년들도 늘어나며, 전형적 증산인 우을, 학교 기부, 자해 및 자살 충동 등이 급증하였다.

학교 폭력도 심각한 문제다. 가해자와 피해자 모두 우울과 불안을 겪으며, 학교 거부 반응을 보인다. 학교 가기를 거부하는 아이들도 늘었다. 심해지면 가족과의 접촉조차 피하고, 가족이 거실에 없을 때만 방에서 나와 밥을 먹는다. 외출도 하지 않으며, 점차 사회와 단절되어 간다. 청년이 되어서도 일본의 '히키코모리'처럼 은둔형 외톨이로 살아가는 경우가 많아진다.

청소년 정신 건강 악화는 단순히 개인의 문제가 아니다. 사회 적응에 실패하는 청년층이 증가한다는 것은 곧 미래 사회의 심각한 문제로 이어질 가능성이 크다. 인구 감소와 맞물려 심각한 사회 위기로 작용할 수 있다. 청소년 정신장애 급증은 전통적인 원인도 있지만, 현대 사회의 구조적 변화가 청소년들에게 정신적 고통을 가중시키고, 스트레스에 대한 면역력을 약화시키는 원인일 수도 있다.

학업 스트레스로 인해 집중력 저하를 호소하는 아이들도 많다. 이들 모두가 ADHD 환자는 아니다. 성적을 올리기 위한다는 그릇된 정보로 약물을 남용하는 사례가 증가하고 있다. ADHD 치료제가 집중력을 높일 수 있다는 잘못된 기대를 조장하고, 체중 감량 효과를 목적으로 오·남용하는 경우도 빈번하다. 이러한 약물 남용은 피해망상과 극도의 불안감을 동반하는 급성 정신병을 유발하기도 한다.

청소년 정신 건강의 악화는 단순히 개인적 문제가 아니라, 현대 사회가 함께 해결해야 할 구조적 문제임을 인식해야 한다. 이를 위해서는 청소년에게 가장 중요한 교육과 제도적 환경의 변화가 절실한 시점이다. 동시에 미래 사회에 역동적으로 대비함으로써 부족함에 대한 연구도 현재와는 다른 관점에서 활발히 진행되어야만 한다.

우리 아이들은 왜 이렇게 힘들어할까?

아이들이 이렇게 힘들어하는 이유는 무엇일까? 마음이 아팠기 때문이다. 그 마음이 아픈 이유는 예를 든 것처럼 부모와의 갈등이나 또래와의 갈등이 거의 대부분을 차지한다. 그렇다면 이들 갈등은 어떤 상황에서 이뤄지나? 아이들이 자라고 있는 우리의 환경과 관련이 있다. 바로 우리 아이들이 살아가고 있는 환경은 현재 청소년들이 살고 있는 환경이고, 이는 대부분 교육과 관련되어 있다. 우리 청소년 환경이 어떻게 아이들을 힘들게 하는 것일까? 이를 알기 전에 인간 '마음'은 어떻게 구성되어 있고 커나가는지 알아보자.

마음이란 무엇일까? 1.4

정신 건강을 결정하는 것은 무엇일까? 건강하다, 마음이 아프다, 불행하다, 행복하다는 것을 결정하는 것은 마음 상태다. 아이들의 마음이 힘들어지는 원인은 무엇일까? 그것은 마음이 어떻게 구성되어 있고, 어떻게 좋아지고 나빠지는지에 대한 기본적 현실도 어른들이 모르고 있기 때문일 수 있다. 어른들 말처럼 공부를 열심히 하면 좋은 결과를 얻을까? 그래서 성공하거나 경제적으로 풍족해지면 마음이 긍정적으로 될까?

문제는 어른들도 자신의 마음이 어떻게 해야 좋아지는지 제대로 알고 있지 않다는 점이다. 자신의 마음도 아이들의 마음도 어떻게 해야 좋아지는지 실제 생활에서 그렇게 고려하지 않는다. 그저 생활하다 어느 날 마음이 불편하거나 좋아지는 것을 알게 되는 것이 일상 삶에서 흔한 현상이다. 어떻게 해야 마음이 건강해질까? 인간의 마음은 동물과 어떻게 다른가? 마음은 왜 존재하는 것일까? 그 기능은 무엇일까를 찾아가 보자.

마음의 존재 이유, 생존

마음은 '생존을 위해' 존재하는 것은 틀림없는 명제다. 삶의 가장 기본적인 요소는 무엇일까? 바로 죽고 사는 문제다. 훌륭한 사람도, 아무것도 가진 것이 없는 서민도, 생명 앞에서는 차이가 없다. 그다음 중요한 기본적인 삶이 '먹고 사는 것'이다. 이것이 충족되면 마음은 평온할 것이고, 위기에 봉착하면 불안할 것이고, 해결되면 기쁨이 올 것이다. 여기에는 동물이나 인간이나 차이가 없다.

이런 행동을 하게 하는 것은 무엇일까? 뇌가 할 것이고 마음이 결정할 것이다. 이는 진화에 따라 다를 것이다. 단세포 생물은 화학적 상태에 따라 먹이를 찾는 행위를 할 것이고, 감각을 가지는 하등 동물은 좋은 감각에 이끌려 먹이를 찾고 위험은 부정적인 감각을 느끼게 진화하였을 것이다. 그러다가 신경계가 진화되어 본격적으로 뇌가 진화되면 뇌가 본능과 감정을 통해 그런 행동을 하게 할 것이다. 개체가 당면한 그 시점의 감각과 감정이 원시적인 마음 상태가 될 것이다.

원시적이라고 한 것은 아직은 '마음'이라고 할 수 없기 때문이다. 마음의 진화는 상대가 있는 상황, 즉 집단생활을 하는 포유류가 출현하여야 이뤄진다. 그전 동물들은 이럴 것이다. 배고프거나 목이 마르면, 허기나 목마름의 부정적인 감각이 고통을 느끼게 하여, 먹이와 물을 찾는 행위를 우선하게 할 것이다. 이런 부정적인 상황을 제거하면 긍정적인 느낌을 가지게 되는 것이다.

생존과 감정

이러한 느낌은 고등동물이 되면서 '감정'으로 진화가 된다. 동물의 감정은 한 개체가 외부 환경과의 관계에서 만들어지고, 그 결과를 해결하기 위한 행동을 준비하는 상태로도 존재한다. 생명체의 역할은 다음 세 가지로 요약할 수 있다. 먹이를 찾고, 위험으로부터 자신을 보호하고, 마지막으로 자신의 후손을 번식시키는 행위를 한다. 즉 생명체는 반드시 자신의 생명을 유지하고 자손을 번식시켜야 지구상에 남을 수 있다. 이 행동을 하게 하는 것이 '감정'이다. 생존에 유리한 것은 긍정적, 불리한 것은 부정적 감정이 된다.

감정의 진화

마음의 근원을 이루는 것 중 가장 기본적인 것이 감정이다. 감정은 감각으로부터 진화하였다. 오감이라고 하는 감각은 동물이 외부 환경의 상황을 느끼게 하기 위해 진화되었다. 시각, 청각, 후각, 미각, 촉각은 모두 외부 환경을 느끼는 수단이다. 듣기와 보기 그리고 냄새 맡기는, 먹이를 찾거나 천적으로부터 도피하기 위해 원격으로 한 시점 상황을 알기 위해 존재한다. 미각은 음식을 먹기 위해, 촉각은 자신의 신체 느낌을 통해 직접 외부를 알기 위해 존재한다.

'통증과 쾌락'은 신체 상태를 알기 위해 존재한다. 신체 감각을 통해 한 개체가 살아가기 위한 최소의 조건을 만든다. 상처를 입거나 손상이 오면 통증을 느껴, 상처가 아물기까지의 행동을 제한한다.

다리에 상처가 나면 다리의 통증에 의해 결정적인 순간을 제외하면 움직이지 않도록 한다. 맛있는 것은 계속 먹게 유도하고, 맛이 없거나 상한 음식은 먹지 않도록 한다. 이렇게 통증과 쾌락 그리고 감각을 통해 생존에 필요한 행동을 하게 한다.

이런 통증과 쾌락과 여러 감각이 한순간에 모여 통합적인 순간 '감정'으로 진화하게 된다. 배고프고, 목마르고, 춥고, 축축한 것이 싫지만 그곳에 먹이가 있다면 좋은 감정으로 느끼게 할 수 있다. 그래야 먹이 사냥에 유리하고 통합적으로 좋은 환경을 찾기 위한 행동을 하게 되는 것이다. 발정기가 되어 이성에 대한 갈망이 생기는 것은 신체 내부 호르몬의 변화에 따른 결과이다. 이 또한 감정의 주요 요소가 된다. 같은 종에서 같은 시기에 생기는 신체 내부 변화는 그 종의 번식에 결정적인 역할을 한다.

감정은 이렇게 만들어질 것이다. 사냥감을 찾아내거나, 사냥에 성공하는 순간, 그리고 이를 섭취할 때는 기쁨을 느낄 것이다. 놓치는 것과 같이 반대의 상황은 슬픔을 느낄 것이다. 천적이 자주 나타날 것 같은 장소에 도달하면 불안을 느낄 것이고, 맞닥뜨리면 두려움과 공포를 느낄 것이다 상한 음식이나 몸에 해로운 환경은 혐오를 느끼게 하고, 자신을 공격하거나 상처를 주는 상대에게는 분노로 대항한다.

배경 정서와 감정의 역할   1.5

앞에서 말한 감정을 일차 감정이라고 한다. 동물이 주변 환경과의 관계에서 마주치는 감정이다. 이러한 감정은 모든 동물의 선조로부터 겪어왔던 상황에서 만들어져 동물의 뇌에 저장된다. 사슴에게는 사자의 존재나 그에 상응하는 형상은 공포를 일으키게 한다. 어떤 음식이 맛있고, 혐오를 일으키게 한다는 것도 수백만 년의 진화를 통해 형성된다. 그 감정은 그 종이 생존하는 데 결정적인 기여를 하게 한다.

배경 정서

이러한 감정은 고등동물의 이성이 진화되기 전부터 존재했다. 감정은 동물이 뇌를 진화시킨 후 출현했을 것이다. 신경계를 진화시킨 동물은 감각을 통해 외부 환경을 파악하여 생존을 유리하게 이끌었고, 통증과 쾌락 그리고 일부 감각과 발정기와 같은 신체 상태는 신체라는 내부 환경을 파악하게 하였다. 신체 내부는 우리 몸의 일부지만 뇌의 관점에서는 신체 상황이라는 또 다른 외부 환경이다. 그래서 신체 내부를 관여하는 정서를 배경 정서라고 한다. 이와 달리 외부 환경을 느끼는 감정은 일차 감정이 된다.

감정에서 가장 중요한 요소는 뇌의 '기억'이다. 어떤 감각을 어떤 환경에서 느꼈다면 이것은 기억으로 저장된다. 그때 느꼈던 감정도 기억으로 저장된다. 감각만으로 생존을 유지하기에 환경은 너무 복잡하고 변화가 무쌍하다. 감정은 순간적으로 여러 감각을 통합하여 하나로 만들고, 또 이를 저장하어 활용히고 휜경에 적응해아 한다. 수없이 많은 환경이 셀 수 없을 만큼 많은 경우의 수로 뇌에 저장된다. 이것은 생명체만이 할 수 있다.

'어떤 음식이 맛있다 없다'에서 '어느 장소에 천적이 있을 수 있느냐 없느냐'를 판단하기 위해서는 여러 요소를 통합한 감정이 되어야 한다. 이는 감각에 비해 비교할 수 없이 복잡한 정신 과정이다. 시각과 후각 등의 감각뿐 아니라 그 순간 과거 경험의 기억이 동반되어야 한다. 그런데 놀라운 사실은 유사한 상황에 대한 매 순간의 모든 기억이 모두 뇌에 저장된다는 것이다. 모든 세부 사항이 다 저장되는 것은 아니지만, 생존에 필수적인 것이 저장된다.

감정의 역할

이러한 감정은 순간적 반응으로 부정적인 상황을 피하고 긍정적인 상황을 찾게 함으로써 개체의 생존에 결정적 도움을 준다. 진화가 진행되고 고등동물이 될수록 하등동물과 비교해서는 말할 수 없이 새롭고 복잡한 환경에 맞닿게 된다. 하등동물일수록 삶은 단순하다. 단순한 환경에서 생존하기 때문이다. 하지만 포유류 정도의 고등동물은 살아가는 환경이 그전 동물들에 비해 비교할 수 없이 넓고 복잡하다.

그래서 뇌는 한 개체가 경험한 모든 순간에 대한 중요 정보를 모두 저장한다. 그러다가 결정적인 순간이 되면, 뇌에 저장된 과거 경험의 모든 기억 중 그 상황에 필요한 해당 기억이 순간적으로 튀어나와 현 상황 외부 환경과 비교하여 참조하고 그 상황에 대처하는 것이다. 우리가 숲속을 걷다가 무언가 튀어나온다면, 우리 뇌는 과거 그와 유사한 순간의 기억을 떠올려 이에 대처하게 하는 것이다.

동물에게 감정은 생존에 결정적 역할을 한다. 한 장소를 떠나 전혀 다른 환경의 장소로 가야 하는 것과 같은 것은 현재를 판단하는 감각으로는 결정될 수 없다. 그 개체의 선조로부터 내려온 유전 정보와 그 개체가 경험한 과거 모든 감정 기억이 현재 상황을 느낀 감각과 순간적으로 통합되어 결정을 내린다. 이는 그 동물의 뇌에 저장된 수많은 자료가 한순간 통합되어 '느낌'으로 나올 것으로 추정할 수 있다.

감정의 진화가 놀라운 것은 인간 개개인의 뇌에 세상 전체에 해당하는 것을 기억의 형태로 저장할 수 있다는 것이다. 한 사람의 개인 기억에는 그가 경험한 세상의 모든 자료가 포함되고 또 축적된다. 서

 마음이 자라는 시간 | 김병후

울의 모든 거리, 그가 방문했던 세상의 모든 지역, 만났던 모든 사람들과 셀 수 없이 많았던 기억이 모두 저장된다. 그런 의미에서 한 사람의 뇌에 '그가 경험한 우주'가 저장되는 것이다.

AI도 엄청난 양의 정보를 저장할 수 있다. 하지만 한 사람의 감각 등 모든 것을 저장한 것을 따라 할 수 있는지는 관점에 따라 불가능하다. AI를 비롯한 기계는 최소한 인간의 눈으로 보는 풍경을 실사처럼 재현할 수 없다. 아무리 정밀한 카메라도 인간의 눈처럼 환경과 세상을 바라볼 수 없다. 아무리 좋은 카메라로 찍더라도 실제를 묘사할 수 없다. 생명체가 수십억 년의 진화의 산물이므로 인간이 만든 기계로 재현할 수 없다. 생명체의 가장 위대한 업적이 감정의 진화일 수 있다.

과거의 모든 상황에 대한 기억뿐 아니라 당시 자신이 대처한 방법에 대한 기억을 담는다는 것도 엄청난 일이지만, 그 기억 중 현대에 부딪힌 상황에 맞는 순간적인 것이 순간 기억에서 재생되어 대처할 수 있도록 한다는 것도 상상할 수 없을 정도로 엄청난 일이며 동시에 정교하고 정밀한 대처다. 이런 것을 가능하게 하는 것은 인간의 뇌 이외에는 불가능하다. 그런 무한대의 기억과 대처가 저장되어 살아 움직이는 곳이 바로 '마음'이다.

사회생활과 교류 그리고 사회적 감정 1.6

감정이 마지막으로 진화하는 것이 사회적 감정이다. 사회적 감정의 대명사가 바로 '사랑'이다. 이를 애착이라고도 한다. 생존에 필요한 일차 감정이 뇌에 저장된 것이 엄청난 일이었다고 했다. 한 우주가 한 사람의 뇌에 저장된 것으로 기술하였다. 하지만 더 엄청난 진화가 이뤄진다. 인간과 다른 인간 간 마음의 교류가 이뤄진 것이다. 이제야 비로소 '마음'의 진화는 완성된다. 마음은 상대가 없으면 존재하지 않는다.

집단생활을 하지 않는 동물에게는 '마음'이 존재한다고 볼 수 없다. 마음은 내 마음도, 상대 마음도 중요하다. 그래야 내 마음을 알 수 있다. 사랑이 없다면 '마음'도 존재할 수 없다. 지구상에 처음 '사랑'이 진화한 것은 새끼를 알의 형태로 낳지 않고, 그 '알'을 태반이라는 암컷의 몸에서 키움으로써 시작되었다. 출산 과정을 통해 성장시킨 후 낳고 젖을 주고 키워 거의 완전한 성체가 되었을 때 독립시키면서 완성되었다.

태반에서 태아를 기르고 출산하고 수유를 하는 과정에 관여하는 호르몬이 옥시토신이다. 그런데 이 옥시토신이 뇌에서는 애착과 교류의 호르몬이 된다. 암컷의 옥시토신과 수컷의 바소프레신이 있어야 새끼에 대한 애착이 생기고, 남녀 간의 사랑이 만들어지는 것이다. 이 호르몬들이 개체 간의 교류를 이끌고 집단화를 만들어 사회적 동물이 진화되고, 그 정점에 인간이 존재한다.

이러한 포유류의 교류는 피부 접촉을 통해 이뤄진다. 교류의 호르몬이 있어야 애착이 형성되고, 그래야 어미는 새끼를 자기 목숨처럼 소중하게 여기게 된다. 사랑이 진화된 것이다. 동시에 사랑의 행위, 즉 같은 집단 개체 간 피부 접촉을 하면 양쪽 모두의 감정의 뇌(포유류의 뇌)에서 애착 호르몬이 분비되고, 이때 안정감과 행복을 느끼는 긍정적인 마음 상태를 가지게 된다.

이 행위는 사회적 동물이 서로 접촉할 때 나온다. 젖을 물리고 빠는 행위, 분비물을 핥아서 제거해 주는 행위뿐 아니라 새끼들의 물고 뜯고 노는 행위 모두 이에 해당한다. 아이들의 놀이, 성인들의 모임, 스포츠, 댄스 등 인간이 좋아하는 모든 행위는 이에 해당한다. 접촉을 하면 행복해지므로 집단은 서로 교류하고 모이고, 이것이 인간 문명의 기원이 된다. 새끼들의 놀이는 성체가 되었을 때 교류하며 사냥하는 기본 행위를 습득하게 한다.

사회적 동물의 교류는 집단을 이루게 하며, 혼자 살아가는 동물들을 지배한다. 그 정점에 인간이 존재한다. 집단을 이루기 위해서는 구성원들 간의 교류가 정교해져야 힘을 발휘할 수 있게 된다. 우두머리뿐 아니라 집단의 구성원들 간 교류를 담당하는 것이 '마음'이다. 구성원들이 자신의 마음뿐 아니라 다른 구성원의 마음을 읽고 예측할 수 있어야 집단이 힘을 발휘할 수 있게 된다. 각 구성원의 마음은 유전되지 않으며, 개개 구성원의 삶에서 마음이 만들어진다.

의식과 무의식, 자아와 이성의 진화

자기 마음의 존재를 아는 주체가 '자아'이다. 자아는 자신과 자신 이외의 세계를 구분한다. 자아는 자신의 육체를 앎과 동시에 자신의 마음도 안다. 자아에는 의식과 무의식의 세계가 존재한다. 초기 진화 단계에는 의식은 존재하지 않는다. 의식은 이성이 진화되어 이성의 세계에 존재하는 것을 의식함으로써 출현한다. 그 이전 단계의 동물은 감정과 본능으로 살아간다. 그것이 가능했던 이유는 삶의 형태가 단순하기 때문이다.

단조로운 환경에서 본능과 감정으로 살아가던 동물이 새로운 환경에 적응하기 위해 의식의 출현과 함께 이성적 판단을 하기 시작한다. 단조로운 환경에서는 반복적으로 부딪히는 외부 상황에 반응적으로 출현하는 감정으로 살아갈 수 있지만, 새로운 환경에 대한 기억이 없기 때문에 감정으로는 적절한 반응을 하지 못해 적응에 실패한다. 이에 의식과 이성을 진화시켜 새로운 환경에 적응하게 된다.

새로운 환경을 의식의 세계에서 이성을 활용하여 분석하고 그에 맞는 행위를 하게 된다. 이때 그 개체의 의식에서 그 개체만의 '자아'가 출현하고, 그 자아가 그 상황에 맞는 이성적 사고를 하고, 이를 활용하여 환경에 적응하게 된다. 반복적인 환경은 전처럼 감정으로 처리하고, 새롭거나 특별한 환경에서는 분석적인 이성으로 상황에 대처한다. 이성의 발달은 점점 더 새로운 환경에, 새로운 방향의 적응을 가능하게 한다.

교류의 질과 크기가 행복 결정

집단생활을 하는 동물은 집단의 크기를 얼마나 크게 만들 수 있느냐와, 구성원 간 교류가 얼마나 정교하게 이뤄질 수 있느냐에 따라 다른 동물들과의 경쟁에서 우위를 가질 수 있다. 결국 교류의 정밀도가 집단 크기를 결정한다고 볼 수 있다. 그렇다면 교류의 정밀도를 높일 수 있는 것은 무엇일까? 교류할 수 있는 언어의 존재, 그리고 지능이 이를 결정할 것이다. 그런 점에서 인간은 인지 혁명까지 이루어 다른 동물과 다른 삶을 살 수 있게 된다.

결국 인간 삶에서 가장 중요한 것은 인간 사회를 구성하고, 그 구성원으로 살아가는 것이다. 어떻게 살아가느냐에 따라 마음의 대부분을 차지하는 사회적 감정이 결정된다. 우선 유전적으로 인간은 포유류이기에, 다른 인간과 교류하는 순간 교류 호르몬이 분비되어 행복감을 느낀다. 그것이 남녀 간의 사랑이든, 지인과의 만남이든 또는 아이들의 놀이이든, 서로 만나 교류하면 행복해진다. 교류를 얼마나 많이, 또는 높은 질로 하느냐가 한 인간의 행복을 결정한다. 하지만 인간관계는 필연적으로 부정적인 감정 또한 유발한다.

그래서 어떻게 관계를 맺는가가 아이들의 행복을 좌우한다. 다른 사람들과 관계를 맺을 수 있는 능력을 개발하는 것이 청소년기의 과제다. 자기 이외의 다른 사람들의 마음을 읽을 수 있는 능력이 결정적인 이유다. 이러기 위해서는 자기 마음도 알아야 한다. 자신과 타인의 마음 읽기는 쉽게 습득될 수 있는 지능이 아니다. 수없이 많은 접촉을 통해 조금씩 습득된다. 그래서 인간의 뇌, 특히 감정의 조절에 관여하는 전전두엽은 20대까지 성장한다.

마음은 무엇으로 구성되었을까?

마음이 아프다, 좋다고 하는 것은 무엇일까? 누군가 내 마음을 알아주었으면 좋겠다고 할 때, 그 마음의 정체는 무엇일까? 네 마음은 다른 사람의 마음과 어떻게 다를까? 마음은 의식과 무의식으로 이뤄졌을 것이다. 무의식의 세계는 대부분 감정으로 이뤄졌을 것이고, 의식과 함께 이성이 나타나고 동시에 자아가 마음의 주체가 된다. 마음을 느끼는 주체가 자아고, 무의식이 의식으로 나오게 되면 이를 자아가 알게 된다.

무의식에 잠겨 있던 감정이 언어화되어 이성의 세계로 들어오면, 보여지는 감정인 '정서'가 된다. 그래서 우리 마음의 가장 많은 부분을 차지하는 것은 감정이다. 감정은 과거 경험이 기억되어 내면의 뇌에 무의식의 형태로 저장된다. 삶의 모든 순간이 중요도에 따라 전부 뇌에 저장된다. 그런 관점에서 마음은 한 개체가 경험한 모든 기억으로 구성되어 있다고 볼 수 있다. 마음은 전 생애에 걸친 경험과 그에 대한 개체의 대응과 결과 모두로 구성된다.

그래서 마음의 대부분은 감정으로 이뤄졌다고 봐야 한다. 그 감정이 의식되어 언어화가 되면 자아는 이성에서 감정을 객관적으로 기술할 수 있다. 한순간 모든 감정이 통합되어 한순간의 느낌이 되고, 이를 자아가 느끼는 것이다. 그래서 이렇게 말하게 된다. '누군가가 그립다', '슬프다', '여행 가고 싶다', '쉬고 싶다', 그리고 '화가 난다', '더 이상 참을 수 없다'. 이런 모든 것이 마음이라고 볼 수 있다.

우리 아이들의 마음은 어떻게 형성되는가?

감정은 신체 감각인 배경 정서, 환경과의 관계인 일차 감정, 그리고 인간관계에서 만들어지는 사회적 감정으로 구성되어 있고, 이 세 가지가 순간 합쳐져 나오는 것이 '느낌'이다. 이것이 바로 마음의 정체다. 청소년 아이들이 마음이 아프다고 하면, 바로 이 감정이 부정적인 상태인 것이다. 그 감정이 만들어지는 것은 청소년 아이들이 살아온 환경과의 관계에서 만들어진다. 바로 건강 상태, 어떤 환경에서 자라왔는지, 그리고 겪어온 모든 인간관계에서 만들어진다.

결국 아이들의 마음이 건강한지, 아픈지를 결정하는 것은 인간관계다. 행복을 느끼는 기전은 큰 줄기로 두 가지 길이 있다. 하나는 쾌락적 요소를 지닌 통로다. 맛있는 음식을 먹는다든지, 술을 마시는 것, 돈을 버는 것, 복권에 당첨되는 것, 도박에서 승리하는 것, 내기에서 이기는 것이 여기에 해당한다. 두 번째 통로가 바로 인간과 인간의 교류를 통해서 오는 것이다. 사랑하는 것, 놀이하는 것, 축제, 회식, 결혼식, 스포츠 경기, 운동, 음악, 미술품 감상 등 다른 인간과 신체적 접촉하는 것으로부터 시작하여, 말이 통하는 것, 문학 작품으로 저자와 소통하는 것 등 모든 인간 접촉이 이에 해당한다.

실제 인간 행복은 대부분 후자에서 온다. 전자는 쾌락적 요소가 있어 짜릿하지만, 중독되기도 쉽고 도박처럼 심각한 부작용을 초래하기도 한다. 하지만 후자는 인간 갈등이 동반되기도 하지만, 궁극적으로는 더 많은 행복과 안정을 준다. 청소년도 마찬가지다. 학창 시절로 대표되는 청소년기는 원래 친구 또래들과의 교류가 교육에서 가장 중요한 요소였다. 그러다 대학 시험으로 대표되는 학업 때문에, 기계적 지식의 평가가 교육의 중요 요소가 되어버렸다.

청소년기는 인간관계를 습득하기 위해 존재한다

한편 청소년기가 인류에게 있는 목적은, 사회 구성원으로 성장하기 위한 대인관계 기술을 습득하기 위함이었다. 다른 인간과 교류하는 것은 인간 사회를 유지하고 문명을 유지하기 위한 가장 기본적인 덕목이다. 교류를 하기 위해서는 서로의 마음을 알아야 한다. 그러기 위해서는 자신의 마음도 알아야 한다. 마음의 가장 큰 부분은 인간관계에서 오는 사회적 감정이 차지하고 있다.

감정으로 이뤄진 마음은, 이성에서의 기계적 기술로써는 일부만 표현될 수 있다. 감정은 직접 접촉하는 과정에서 일어나고, 이를 모두 언어나 문자로 묘사하는 것은 불가능하다. 소통하는 과정에서 상대 표정의 미묘한 부분을 파악하는 것을 책으로 가르치는 것은 불가능하다. 아주 어린 시절부터 또래와의 만남을 통해 다른 인간의 마음을 아는 법을, 본능적이고 무의식적인 교류를 통해 습득한다.

상대와 교류를 하기 위해서는 자기 마음이 있어야 한다. 자기 마음이 어떻다는 것을 자신이 알고 있어야, 그 내용을 갖고 상대의 마음과 소통할 수 있다. 뇌의 발달에 따라 그 시기에 맞는 소통 방법이 무의식적으로 습득된다. 어린아이 때의 소통 방법은 성장하면서 시기에 따라 더 수준 높은 교류의 방법을 습득하게 된다. 이는 반드시 직접 교류를 통해서만 습득된다. 또래와의 교류 방법을 부모가 가르쳐 주는 방법은 없다.

교류하는 방법은 청소년기에 가장 격렬하게 습득된다. 자아가 형성되고 완성되어 가면서, 한편으로는 자신을 형성하고 다른 한편으

　　　　　　　　　　　　　　마음이 자라는 시간 | 김병후

로는 상대와 소통하고 놀고 연합하는 방법을 습득해야 한다. 그러기 위해서는 수많은 시간 동안 상대와 접촉하고, 갈등을 빚고, 또 같이 놀기 위해서는 그 갈등을 푸는 방법을 습득한다. 또래는 놀이의 대상이기에 갈등은 반드시 풀어야만 행복한 친구와의 시간을 유지할 수 있다.

마음이 성장하는 것은 자신의 마음을 알고, 이를 통해 타인의 마음을 유추하여 서로 정밀한 소통을 하는 것으로 마무리된다. 또래들 사이에서 격렬한 놀이의 긴 연습 기간을 가졌다는 것이, 현생 인류 청소년들의 특징이다. 타인 마음을 알 수 있는 능력은 유전되지만, 복잡하고 미묘한 부분을 알고 습득하기 위해서는 반드시 긴 기간의 실질적인 접촉을 해야만 습득될 수 있다. 이것이 청소년기가 필요한 이유이고, 이 기간에 반드시 행동하여야만 하는 과제이다. 성인 전 청소년기에 수많은 교류와 오류를 극복해야만, 인간 사회에 적응할 최소한의 자질을 습득할 수 있다.

현재 학교 교육의 실태와 미래 교육

입시 위주 교육의 문제점

2.1

　현재 우리나라 청소년 교육은 대학 입학을 위한 입시 교육을 우선으로 하여, 산업사회를 이끌어 왔던 면에서는 혁혁한 성과를 거두었지만, 청소년 정신 질환의 급속한 증가, 외톨이 등 사회 적응에 실패한 젊은이의 증가 그리고 일반 청소년 행복지수의 급격한 하락도 함께하고 있다. 다른 한편으로는 이러한 방향이 4차 산업에 대비한 창조적이고 도전적이며 열정적인 인력을 양성하는 데에 적절한지에 대한 우려도 있다.

　학교가 입시 교육 위주로 진행되면서 입시에 도움이 되지 않는 과목이나 활동은 축소되거나 사라지게 되었다. 음악, 미술과 체육 등의 과목은 축소되거나 자율 학습으로 대치되었고, 축제 형식의 운동회 같은 집단 활동도 사라지고, 수학여행, 보이스카우트 같은 집단 야영 생활을 하는 활동도 사라졌다. 쉬는 시간과 점심시간에 아이들끼리 놀거나 방과후 활동도 거의 없어지게 되었다.

학교는 친구들과 만나고 교류하는 장소가 더 이상 아니다. 부모와의 애착을 보완하는 또래와의 놀이를 통해 우정을 쌓고 재미있고 흥이 나는 공간이 아닌, 공부를 우선하고, 공부 못 하는 아이들은 문제아 취급받는 곳이 되었다. 평준화가 된 후 소수의 아이만 수업에 집중하고 대다수는 잠자거나 딴짓을 하면서 그 소중한 학창시절을 헛되이 보내는 경우가 많다. 학교 공부를 위해 학원에서 학과목을 반드시 첨가하여 배워야 한다고 조언하기까지 한다.

방과후 활동은 학원 가는 것으로 대체되고, 선행 학습이 가장 중요한 학습 과정이 되었다. 하지만 이를 적극적으로 반대하는 견해도 많다. 이스라엘은 초등학교 입학 전 글자를 가르치지 못하게 한다. 학자들도 아이들의 능력을 벗어난 선행 학습은 아이들의 창조력을 포함한 지적 능력에 심각한 지장을 준다고 경고하여도, 우리는 가능한 모든 아이에게 선행 학습을 시키려고 하고 있다. 공부를 중요하게 여기고 이를 위해 놀이를 제거한 학교에서, 정작 아이들은 수업 시간에 잠을 자고, 일부 아이들은 학교 가기를 거부한다.

체험활동이 줄어 든 현재 청소년들이 겪는 문제
 1. 행복과 즐거움의 상실
 2. 친구와의 관계 단절
 3. 부정적인 감정의 축적
 4. 학창 시절에 대한 긍정적 기억 부재

5. 왕따와 학교 폭력 증가

6. 수동적인 태도 형성

7. 인간관계에 대한 애정 상실

8. 타인의 감정을 이해하는 능력 습득 저하

9. 연대 의식 획득 저하

10. 정체성 형성의 어려움

2.2

현대 사회에서 증가하는 청소년 문제의 원인

고전적 결핍 가정

부모 갈등과 가족 해체, 아버지의 폭력과 어머니의 우울, 불공정한 양육, 그리고 경제적 어려움이 고전적인 청소년 정신 건강 문제를 일으킨다.

입시 위주 교육과 부모의 과잉 개입

가족 갈등뿐만 아니라 현대 청소년 정신 건강에 큰 영향을 미치는 요소는 부모의 과잉 개입이다. 대학 입시 중심의 교육 환경에서 조기 교육과 학습 강요가 강조되면서, 청소년들은 지식 습득에만 집중하고 삶의 기본적인 인간관계 기술을 체험할 기회를 잃게 된다.

불안과 과도 보호로 인한 자유의 제한

부모의 불안으로 인해 청소년의 자유로운 삶이 제한된다. 도시화가 진행되면서 유괴 및 범죄에 대한 두려움이 커졌고, 이에 따라 아이들이 지역사회에서 자율적으로 활동할 기회가 줄어들었다. 이는 놀이의 감소와 자율성 부족으로 이어져 어려움을 기피하는 성향을 만들고, 불안에 취약한 아이로 성장하게 한다.

"내 아이만 특별해야 한다"는 금쪽이 사상

내 아이는 어떤 어려움도 겪지 않고 특별 대접을 받으며 자라야 한다는 사고방식이 보편화되면서 그렇게 성장한 청소년들이 늘어났는데, 그들은 다른 사람들과 갈등을 일으킬 여지가 더 크다. 가장 큰 부작용으로 다른 사람의 입장을 고려하지 않게 됨으로써 사회생활 적응에 심각한 문제를 일으킬 수 있다. 공공장소에서까지 그런 행동을 하면서 성장하게 되면, 집단생활 적응에 심각한 어려움을 가질 수 있다. 강한 성향의 아이는 가해자로, 약한 성향의 아이는 피해자가 되는 학교 폭력의 희생자가 될 수도 있다.

교류와 놀이가 사라지고 소셜미디어에 갇힌 삶

청소년 정신 건강 분세는 스마트폰과 소셜미디어의 발전과 함께 급격히 증가했다. 공부 이외의 다른 활동이 제한되었고, 현실 세계에서의 다양한 경험이 부족한 채 가상 세계에 머무르면서 현실 적응 능력이 약해지고 우울과 불안이 심화되고 있다. 실제가 아닌 꾸며진 영상 세계의 화려함을 비교하면서 열등감을 느끼는 것도 중요한 문제 중 하나다.

독립과 미래를 대비하는 청소년기의 과제

애착 형성과 신체 발달을 통한 탐색

5세 전후로 뇌가 급격히 성장하는 시기에 부모와의 애착 형성이 중요하다. 부모와의 관계는 미래 인간관계의 원형이 된다. 아이와 부모와의 관계는 무조건적인 사랑으로부터 시작된다. 태어난 아이는 부모의 도움 없이 삶을 이어갈 수 없다. 그런 환경을 부모는 제공한다. 그런 상황이 제공되면 아이는 안정적으로 탐색을 시작한다. 성장과 함께 부모를 떠나는 연습을 하고, 부모는 이를 보호하면서 허용한다. 이러한 과정은 아이의 자율성을 획득하게 하고, 그러면 아이와 부모의 애착이 균형 있게 성장한다.

또래와의 만남을 통한 사회성 발달

아이의 지속적 성장은 부모를 떠남으로부터 완성된다. 부모를 떠나 또래와 관계를 맺는 경험이 본격적으로 시작되는 시기가 학령기다. 처음에는 부모와의 분리가 두려울 수 있지만, 또래와의 놀이만큼 아이들을 흥분하게 하는 것은 없다. 이는 독립심과 사회성을 키우는 데 결정적인 역할을 한다. 안전한 환경의 안락함보다는 성장을 위한 도전을 선택하는 것이 청소년기다. 따라서 청소년기는 부모의 보호에서 벗어나 자기 세상을 확립해 나가는 첫걸음을 하는 중요한 시기다.

긴 청소년기가 필요한 이유 – 지적 능력의 향상과 소통 능력 습득

인간은 개인적인 신체 환경, 생존을 위한 물리적 환경, 그리고 타인과의 사회적 관계 속에서 살아간다. 인간 문명사회에 적응하기 위해서는 지적 활동을 통한 광범위한 지식을 습득하여야 한다. 인간에게 그보다 중요한 것은 타인과의 소통 능력을 습득하는 것이다. 인간 청소년기가 긴 이유는 지식의 습득보다는 또래와의 관계 맺기를 통해 집단에 적응하기 위한 체험과 정교한 타인과의 교류 능력을 습득하기 위한 시간이 필요하기 때문이다. 이는 직접 체험을 통해 습득되어야만 인간만이 가지는 융합적 지적 능력을 가질 수 있게 된다.

자아 확립과 가치관 형성

청소년기는 정신적 독립을 이루는 시기다. 탐색이 물리적 독립의 과정이었다면, 자아 확립은 정신적인 독립을 의미한다. 언어와 문화를 익히고, 자신만의 정체성을 형성하면서 주변과의 관계를 명확히 해 나간다. 이 과정에서 개인의 가치관이 자리 잡고, 이를 바탕으로 건강한 인간관계를 맺어 간다.

뇌 발달 또한 이 과정과 맞물려 이루어진다. 신경세포 간의 연결이 활발해지고, 사춘기를 거치며 뇌의 효율성이 높아진다. 이 시기는 스트레스에 취약하지만, 동시에 정신 건강을 강화할 기회의 시기이기도 하다. 무엇을 경험하고 학습하느냐가 청소년기의 정신적 성숙을 결정짓는 중요한 요소다.

성인이 되기 위해서는 언어와 문자를 익히고, 사회의 규율과 문화를 배우는 과정이 필요하다. 현대 교육은 학습을 학교에서 전담하는 형태를 최우선으로 중시하며 발전해 왔다. 교육의 성과는 대학 입시 결과로 평가되기 시작했고, 교육 목표가 바뀌었다. 대학 입시에 포함되는 과목만이 강조되면서, 인간으로 살아가는 데 필요한 다양한 교과목을 배울 기회도 잃게 되었다. 더욱이 입시의 공정성을 유지하기 위한 평가 방식이 늘어나면서, 실제 교육이 궁극적으로 지향해야 할 목표가 무엇인지조차 모호해졌다.

입시 교육의 가장 큰 문제는 지식을 기계적으로 습득하고, 정형화된 평가 방식에 지나치게 의존한다는 점이다. 우리는 변화하는 세상에서 살아가기 위한 능력을 배워야 하지만, 학교 교육은 구조상 과거 지식을 전달하는 데 집중하고 있다. 그런데 이런 지식은 모두 AI에 의해 축적되고 분석되어, 이 지식만의 습득 의미를 생각해 봐야 하는 시대에 접어들었다.

미래 청소년과 AI

AI는 방대한 데이터를 바탕으로 객관적인 해답을 제시한다. 많은 인간 일이 AI로 대체될 수 있으며, 그 범위는 더욱 확대될 것이다. 하지만 AI가 결코 대체할 수 없는 영역이 있다. 바로 인간의 무의식 속에 잠재된 창조성과 감정의 영역이다. AI는 생명체가 아니므로 욕구도 없고, 창조해야 할 필요성도 없다. 감정 세계의 표면적인 정서를 분석하고 모방할 수는 있지만, 내면의 깊은 마음과 경험을 이해하는 것은 불가능하다.

사랑, 애정, 연민, 동료애와 같은 감정은 직접적인 관계를 통해 체험하며 습득된다. 이러한 감정적 경험은 암묵적 지식의 일부로, AI가 접근할 수 없는 인간만의 영역이다. 따라서 미래 교육은 단순한 지식 전달을 넘어 체험이 중심이 되어야 한다. 직접 경험을 통해서만 습득할 수 있는 애착과 놀이 같은 요소들이야말로 인간 교육에서 가장 중요시되어야 할 영역이다. 그러나 우리는 이 중요한 자산을 교육 과정에서 배제하여 온 것이 현실이다.

AI 시대, 인간이 가야 할 길

AI 기술은 빠르게 발전하고 있으며, 그 중심에는 미국이 있다. 오픈AI의 챗GPT가 시장을 주도하는 가운데, 전 세계 시장은 빠르게 AI를 중심으로 산업 생태 환경이 개편되고 있다. 미국 시가총액 최고 회사는 마이크로소프트에서 애플로, 그리고 현재는 오픈AI와 엔비

디아가 그 위치를 차지하고 있다. 미래 사회는 AI가 거의 모든 사업에 관여할 것으로 예측되고 있다. 한편 중국의 랑원핑은 기존 AI 개발 비용의 1%도 안 되는 자원으로 '딥시크(DeepSeek)'를 개발하며 전 세계를 놀라게 했다. 이 과정에서 인간의 암묵적 지식이 얼마나 강력한 창조력을 발휘할 수 있는지를 보여준다. 랑원핑은 전통적인 학력 중심의 인재 선발 방식을 배제하고, 대학 졸업 후 2년이 지나지 않은 인재들만으로 연구팀을 구성했다고 한다. 해외 유학파도 철저히 배제했으며, 연구원들에게 충분한 보상을 제공하되, 돈을 목표로 하지 않는 개발 환경을 조성했다. 연구원들이 창의성과 자율성을 발휘하도록 하면서, 기존의 틀을 벗어난 혁신적인 AI 개발을 이루어냈다고 한다.

미래의 청소년들은 AI를 단순히 활용하는 것을 넘어, AI를 주도하고 지배하는 능력을 갖춰야 한다. 그러나 현재 입시 교육은 AI로 해결될 수 있는 기계적 지식에 집중하고 있다. 창의력, 비판적 사고, 공동 작업, 암묵적 지식에 대한 의사소통 능력 등 AI가 가질 수 없는 인간만의 지적 능력이 교육에서 간과되고 있다. 이러한 능력들은 단순한 학습이 아니라 서로의 교류를 통한 체험과 놀이 활동을 통해 자연스럽게 습득될 수 있다. 그렇나면 이들 기능은 무엇이며, 지금처럼 이들 활동이 부족하면 삶은 어떻게 될 것인가?

학교 교육만으로는 획득되기 어려운 교류를 통한 삶의 체험적 지능들

- 애착 형성과 기본적인 정서 표현 능력

- 새로운 환경에 적응하는 능력

- 생존을 위한 기본적 기술 습득

- 성별에 따른 사회적 역할 이해

- 신체 감각을 느끼고 움직임을 조절하는 능력

- 본능적으로 흥미를 느끼고 자신이 하고 싶은 일을 찾는 능력

- 긍정적인 감정을 유발하는 활동과 삶의 영역 탐색

- 부모의 존재 속에서 새로운 환경을 탐색하는 능력

- 또래와 함께하는 놀이를 통한 사회적 관계 형성

- 창조력과 자율성, 타인과의 연대 의식 습득

- 집단 내에서 자신의 역할을 찾고, 주장하며 타인의 의견을 경청하는 능력

- 소속감을 형성하고 관계를 유지하는 기술

- 부모로부터의 심리적 독립과 자신만의 행동양식 및 성격 형성

- 안전한 틀을 벗어나 새로운 세상을 경험하는 능력

- 현실의 문제를 스스로 해결하는 경험

- 타인과의 갈등을 조정하고 해결하는 기술 습득

- 고차원적인 인간관계 기술 연마

암묵적 지능을 익히는 체험학습과 놀이의 역할과 특징

2.5

청소년기는 성인 사회로 진입하기 전, 문화를 자연스럽게 습득하는 '도제 기간'이다. 포유류 전반에서 나타나는 놀이 행위는 이를 습득하기 위해 결정적으로 필요하다. 놀이는 자유로운 활동 속에서 사회적 조율과 학습 동기를 충족시키도록 진화해 왔다. 인간의 두뇌는 놀이를 통해 신경 회로를 연결하고 완성해 나가며, 놀이가 부족할 경우 인지적, 사회적, 정서적 성장에 부정적인 영향을 미칠 수 있다. 놀이와 체험 학습은 상대인 친구가 있어야 하기에 관계 맺기에 결정적인 영향을 주고, 동시에 관계 속에서 자아 형성을 완성시킨다.

현행 학교 교육은 의식과 이성의 세계에 존재하는 과학적이고 외현적 교과 과정으로 이루어신나. 이들 지식은 인간보다 AI가 더 잘 처리할 수 있다. AI가 접근할 수 없는 창조성, 비판적 사고와 무의식과 감정의 세계에 존재하는 생명체만이 처리할 수 있는 통합적 암묵적 지식은 몸으로 직접 부딪히는 체험 교육과 놀이를 통해서만 습득할 수 있다. 이들의 특성을 알아보자.

재미와 긍정적인 감정

체험 학습과 놀이의 가장 큰 특성은 재미있다는 점이다. 이는 쾌락을 담당하는 도파민과 교류를 촉진하는 옥시토신이 동시에 분비되기 때문이다. 애착에서 오는 안정감과 놀이에서 비롯된 즐거움이 결합되며, 깊은 우정과 교류의 행복을 경험하게 된다.

미래의 역할 학습

체험 학습과 놀이는 성인이 해야 할 일을 미리 연습하는 과정이다. 이를 통해 각 개인의 강점이 드러나고, 자연스럽게 사회에서의 역할이 형성된다. 예를 들어, 포유류 새끼들이 물고 뜯으며 노는 것은 사냥 연습이고, 아이들의 소꿉놀이나 전쟁 놀이는 미래의 사회적 역할을 예행 연습하는 것이다.

관계 기술 습득

체험 학습과 놀이를 하려면 서로의 규칙을 지키고, 자기 의견을 주장하면서도 타인을 받아들여야 한다. 이는 원활한 사회적 관계를 유지하는 기본 기술을 익히는 과정이 된다.

놀이의 규칙: 상대를 다치게 하지 않는다

놀이에서 가장 중요한 규칙은 상대를 다치게 하지 않는 것이다. 충

　　　　　　　　　　　　　　마음이 자라는 시간 | 김병후

돌과 경쟁은 존재하지만, 놀이에서는 물리적 공격이 금기다. 이러한 원칙은 성인의 스포츠와 문화·예술 활동에서도 유지되며, 경쟁을 하되 파괴를 목표로 하지 않는 문화를 형성한다.

상대의 마음 이해하기

함께 놀기 위해서는 상대의 마음을 알아야 한다. 놀이가 복잡해질수록 서로의 의도를 이해하고 조율하는 과정이 필수적이며, 이를 통해 인간관계의 핵심 요소를 습득하게 된다.

창조성과 확장성

재미있는 놀이는 끊임없이 변화하고 새롭게 창조된다. 같은 놀이를 반복하면 흥미를 잃기 때문에, 새로운 규칙과 형태가 개발된다. 이는 놀이가 단순한 활동을 넘어 사회의 발전과 유사한 방향으로 나아가는 이유이기도 하다.

자율성과 몰입

놀이의 가장 중요한 요소 중 하나는 '자율성'이다. 어른이 개입하여 규칙을 정하면 흥미가 급격히 감소한다. 놀이를 통해 아이들은 자신이 무엇을 원하는지 깨닫고, 자율적으로 행동하는 방법을 배운다.

놀이와 인간애

놀이는 사랑에서 비롯되었으며, 또래와의 교류 속에서 유대감과 일체감을 형성한다. 이를 통해 인간에 대한 애정이 확장되며, 나아가 사회적 연대와 인류애의 기반을 다지는 역할을 한다.

갈등 해결 능력 향상

놀이에는 필연적으로 갈등이 발생하지만, 이를 해결해야 지속할 수 있다. 재미있는 놀이일수록 갈등의 강도는 높아지지만, 이를 극복하는 과정에서 상대를 이해하고 감정을 조절하는 능력을 키우게 된다. 이는 결국 인간관계에서 성숙한 갈등 해결 능력을 기르는 중요한 과정이 된다.

체험학습과 놀이를 통해 청소년들은 정서적 행복을 느낌과 동시에 사회에서 살아가는 데 필요한 다양한 기술을 자연스럽게 익힌다. 단순한 즐거움을 넘어, 직접 체험과 놀이가 인간의 성장과 사회적 관계 형성에 필수적인 이유가 바로 여기에 있다.

현대 아이들은 자연을 직접 탐색할 기회가 줄어들고, 또래들과의 놀이를 통한 관계 형성도 사라졌다. 과도한 안전에 대한 두려움과 사회의 과잉 보호가 이 빈자리를 채워주지 못해 아이들이 가상 세계에 머물게 하고 있다. 교류와 놀이는 소비적 행위가 아니다. 아이들에게 긍정적인 감정을 주고, 애착을 형성하며, 협력적인 유대를 강화해 집단과 사회의 기초를 만들어주는 중요한 활동이다.

또래와의 교류 활성화와 체험적 성장

학교 쉬는 시간은 청소년들이 자율적으로 대화하고 교류할 수 있는 중요한 순간이다. 점심시간이나 방과후 시간 역시 마찬가지로 중요하다. 이 시간에 자유로운 활동과 교류를 권장하여 정규 학습을 통한 지적 능력 향상에 보완되어, 청소년의 사회적 능력 향상이 이루어지도록 권장되어야 한다.

우정, 공감, 열정과 같은 암묵적 지능의 습득은 학교의 지적 학습만큼 중요하다. 자연적인 교류를 통해 청소년들은 감정적으로 성장하고, 책임 있는 사회 구성원의 일원으로 성장한다. 며칠 동안의 수학여행이 평소 할 수 없는 집중적 교류를 제공함으로써 청소년기에 소중한 정서적 기억이 된다. 친구들과 함께 자는 그 자체만으로 인생에 가장 기억나는 순간이 될 수 있다. 또래들과의 집단적 교류를 통한 문제 해결 능력의 경이로움을 체험하여 인간 집단 지성의 위대함을 경험할 수 있다.

위험을 경험해야만 미래에 대비할 수 있다

신체 면역체계는 먼지와 기생충, 세균에 노출되어야만 제대로 완성된다. 마찬가지로 심리적 면역체계도 좌절, 작은 사고, 괴롭힘, 갈등 등을 겪으며 키워진다. 갈등과 박탈을 경험하지 않으면 다른 사람과의 갈등을 이겨내기 어렵다. 과도한 보호는 불안 장애나 낮은 자기 효능감, 학교생활 적응의 어려움을 초래할 수 있다.

위험을 경험하는 것은 불안이 많고 사회 적응에 어려움을 겪을 가능성이 큰 아이들에게 특히 중요하다. 놀이에서 처음에는 두려움이 있을 수 있지만, 시간이 지나면서 그 두려움이 흥미로 바뀌고 점점 더 위험한 놀이에 매력을 느끼게 된다. 결국, 위험한 놀이를 통해 아이들은 미래에 닥칠 수 있는 위협에 대한 대처 능력을 키운다. 높고 빠른 곳, 위험한 도구나 불, 거친 몸싸움 등은 아이들이 흥미를 느끼는 중요한 놀이 요소다.

이러한 놀이들은 실제 전쟁이나 폭력 같은 인간 사회에서 언제든 닥칠 수 있는 위험 상황을 상징화한다. 이 경험을 통해 아이들은 현실의 위험을 다룰 준비를 하게 된다. 지나치게 안전을 중시하는 사회에서는 아이들이 이런 중요한 경험을 얻을 기회는 차단된다. 아이들은 누구나 성장하면 가족과 나라를 지키는 중심적 사회 구성원이 된다.

스스로 행동과 놀이를 선택하도록 하여 삶의 방향을 자신이 결정하는 자율성을 확립되게 한다

자유 놀이를 통해 아이들은 스스로 노는 방법을 선택할 수 있어야 한다. 어른들이 놀이에 관여하면 흥미는 소멸된다. 아이들의 놀이는 유치하지만, 나이에 따라 자신들이 그 방법을 선택하면서 놀이를 발전시킨다. 자율적인 놀이는 자발적 삶을 결정함과 동시에 창조성 발달의 가장 기본 행위가 된다.

실수나 시행착오를 걱정할 필요가 없다. 그렇더라도 현실과 달리 놀이에서는 아무런 문제가 되지 않는다. 이를 통한 해결 방법이 체득은 문제 해결 능력을 강화시킨다. 정서 발달은 기계적인 학습으로 이루어지지 않으며, 누군가와 접촉을 통한 경험을 체험함으로써 학습된다. 놀이를 선택하고, 충돌되고 화해하며, 규칙을 지키고 승부를 겨루는 모든 것이 자유 놀이에서는 자연스럽게 이루어진다. 아이들의 삶에서 자유 놀이가 최우선적으로 보장되는 삶이 되어야 한다.

미지의 자연과 함께하여 미래에 대비하는 능력 향상

안전하고 풍부한 환경에서 자란 아이들은 언제든지 인간 사회에서 부딪힐 수 있는 자연재해와 같은 위기 상황에 대처하는 능력을 키우기 어렵다. 평소 안전한 환경에 살아도, 자연과의 교류를 통해 위기 상황에 대처하는 법을 배워야 한다. 자연은 예측할 수 없는 상황을 제공하고, 그 안에서 아이들은 문제를 해결하는 능력을 키울 수 있다.

세상을 살아가기 위해 인간관계만큼 중요한 것이 자연으로 대표되는 세상과의 직접 접촉을 통해 세상에 대한 자신감과 효능감을 가지는 것이다. 성장함에 따라 자연과의 직접 체험을 할 수 있는 환경이 제공되어야 한다. 자연과의 체험은 청소년 개인과 세상과의 관계를 직접 겪음으로 자신과 미래 세상과의 관계를 대비하게 하는 소중한 경험을 축적시킬 수 있다.

청소년 문화와 축제의 부활, 지나치게 규정된 안전 규제의 완화

과도한 안전 조치로 인해 청소년들의 모험적인 활동이 제한되어 온 상황을 개선해야 한다. 청소년들이 자발성과 창의성을 발휘할 수 있도록, 현재 안전을 우선으로 과도하게 규제하고 있는 법과 제도적 제한을 중앙과 지방 정부는 교정해야 한다. 안전을 중시하다 보면, 아이들이 자유롭게 놀고 운동할 수 있는 기회가 줄어들고, 그 결과 세상에 적응하는 능력을 학습하는 것이 제한될 수 있다. 안전을 지나치게 강조하여 아이들의 삶과 행동을 위축시키는 대신, 적절한 위험을 경험하며 성장할 수 있는 환경을 제공하는 것이 중요하다.

등교 거부와 또래 관계 어려움을 겪는 청소년을 위한 청소년 시설의 활용

경쟁과 공부 위주의 환경에서 정신 건강의 균형이 깨져 우울과 불안을 경험하거나 학교 가기를 거부하는 아이들을 위해 지방자치단체는 지역사회 공적 청소년 시설을 활용할 수 있다. 학습은 이성의 영역에, 체험 학습은 감정의 영역에 있다. 인간 지성이 발전하기 위해서는 이성과 감정의 세계가 서로 보완하며 발전해야 한다. 학교에서의 학습과 놀이와 교류를 통한 체험이 서로 균형적인 발전을 이루어야 청소년 정신 건강이 증진되고 동시에 미래 사회를 알차게 대비할 수 있다.

학교 거부와 적응에 어려움을 겪고 있는 청소년들을 위하여 공공 청소년 시설을 체험 학습과 정서적 교류에 특화된 공간으로 활용한다. 일정 기간 이러한 어려움을 겪는 정소년들을 학교에서 위탁받아 집중적인 교류와 단체 활동을 통해 우정과 애정을 깊게 체험하게 함으로써 정서적 어려움에서 벗어나게 할 수 있다. 회복한 아이들은 다시 학교에 복귀함으로써 정서적 어려움에서 벗어나고 학업을 이어 나갈 수 있게 공공 청소년 시설을 활용할 수 있다.

02

마음
출구를 묻다

황인국

작은
징검돌 하나

한때 청소년기는 미숙하나 건강한 성장을 위한 통과의례처럼 여겨졌다. 신체적·정서적 변화의 격랑 속에서 자신을 탐색하고 세상과 부딪치며 단단해지는 시기라 하였다.

분명 과거의 청소년들도 각자의 고민과 방황의 시간을 보냈을 것이다. 그러나 지금의 아이들이 통과하는 동굴은 이전과는 질적으로 다르다. 아이들이 그 어느 때보다 깊고 어두운 '마음의 동굴' 속에 갇혀 있다는 불안한 신호들을 곳곳에서 마주하고 있다. 빛이 들지 않는 어둠 속에서 출구를 찾지 못해 헤매는 아이들의 비명이 이제는 우리 사회 전체를 향한 경고음이 되고 있다.

2023년 보건복지부의 '고립·은둔 청년 실태 조사'에 따르면, 은둔 청년은 약 54만 명으로 전체 청년 인구의 5%에 달한다. 그중 13세 ~18세 고립·은둔 청소년은 14만 명에 달하며, 고립·은둔 청년 4명 중 1명은 10대 때부터 고립·은둔 상태였다. 2023년 통계청의 '청소년 통계'에 따르면, 중·고등학생의 스트레스 인지율은 40%를 넘어서고 있으며, 우울감을 경험한 비율 또한 꾸준히 증가하고 있다. 특히, 청소년 자살률이 OECD 회원국 청소년 자살률의 두 배에 이른다는 사실은 우리 청소년들이 얼마나 깊은 절망감에 빠져 있는지 보여준다. 더욱이, 20세에서 34세 청년 세대의 자살률 통계만 보아도 OECD 회원국 평균보다 2.1배가 높으며, 2023년 최상위 순위에 대한민국의 이름이 올라 있다.

청소년에서 청년으로 이어지는 이러한 심각한 현실과 수치는 현재도 진행형이다. 이 문제는 일부 몇몇 아이들만의 문제적 이야기가 아니라, 어느 집에나 있을 수 있는 우리 아이들의 이야기이며, 우리 사회가 즉시 풀어야 할 숙제임을 보여준다. 더는 미룰 수 없다. 이러한 현실을 그대로 두고 우리 사회가 앞으로 나아갈 수는 없다.

아이들의 '마음'이 무엇인지, 왜 지금의 청소년들이 더 깊은 동굴에 갇히게 되었는지, 우리 사회가 무엇을 해야 할지 우리는 아직도 많이 모르는 듯하다. 이 책 또한 관련된 모든 고민과 해법을 다 담기에는 부족한 점이 너무 많다.

그러나 우리 아이들이 홀로 동굴 속에서 헤매지 않도록, 끝내 동굴의 문을 열고 나아갈 수 있게 되는 계기와 전환점의 작은 징검돌 하나는 되고 싶다.

그 마음과 희망을 이 책에 담는다.

누구나 한 번은 동굴을 지나간다

누구나 예외 없이 자신만의 '동굴'을 통과하는 시기가 있다. 이는 어떤 이에게는 한철 감기처럼 잠시 아픈 기억이 되기도 하지만, 다른 이에게는 평생 짊어지고 가야 할 짐을 지게 되는 계기가 되기도 한다. 동굴은 혼자만의 공간으로 자신을 돌아보고 재충전하는 시간을 허락하나, 누군가는 좁고 복잡한 긴 미로 속에서 길을 잃을 수도 있는 것이다.

에릭 에릭슨(Erik Erikson)은 청소년기를 심리학적으로 '정체성 대 역할 혼란'의 시기라 주장하였다. 아이들은 "나는 누구인가? 무엇을 할 것인가?"라는 근본적인 질문을 던지며 끊임없이 자신을 탐색한다. 이 과정에서 혼란과 불안감, 때로는 고독감을 느끼는 것은 자연스러운 현상이며, 이러한 감정들은 아이들을 때로는 길게, 때로는 짧게 각자가 지닌 내면의 '동굴'로 이끈다.

동굴 속에서는 세상의 복잡한 기준이나 타인의 시선에서 벗어나

온전히 자신에게 집중하며 내면의 소리에 귀 기울일 수 있다. 이 시기에는 신체적·호르몬적 변화가 감정 기복을 심화시키고, 이전에는 없었던 복잡한 감정들을 경험하게 된다. 이러한 감정의 소용돌이 속에서 일부 아이들은 스스로를 보호하기 위해 일정 기간 외부와의 단절을 택하기도 한다. 마치 웅크린 자세로 자신을 방어하는 것처럼.

혼란스럽고 때로는 고통을 동반하기도 하지만, 결국 이 기간은 나 자신을 새롭게 다듬고 세우며 스스로 설 수 있는 힘을 기르는 첫 번째 성장통이자 전환을 위한 통과의례가 된다.

사례

/

고등학교 때까지 열심히 공부하여 대학에 진학한 수현이는 대학 생활에 적응하지 못해 힘들어하였다. 막상 입학해 보니 이전에 상상했던 것과 다르고, 다른 동기들은 서로 잘 어울리는 것 같은데 자신은 끼지 못할 것 같은 느낌에 외로움을 느꼈다. 어렵게 동아리에 가입했지만 왠지 사람들과 어울리는 것이 어색하고 무슨 말을 해야 할지 몰라 말수가 점점 줄었다. 혹 '내가 이상하게 보일까' 두려워 모임에 나가는 것을 피하게 되었고, 결국 동아리 활동도 그만두게 되었다. 그뿐 아니라 수업이 끝나면 바로 집으로 와 자기 방에서만 시간을 보냈다. 부모님은 수현이가 원하는 대학에 갔으니 잘 지낼 거라 생각하여 크게 신경 쓰지 않았으나, 수현이는 점점 더 깊은 고립 속으

　　　　　　　　　　　　　마음 출구를 묻다 | 황인국

로 빠져들었다. 겉으로는 다른 친구들과 다를 바 없는 대학생처럼 보였지만, 어느새 마음은 세상과의 연결이 끊어진 외로운 상태였다.

10대 청소년 시기에도, 20대 청년 시기에도 동굴의 문은 열려 있다. 친구들 사이에서 왠지 모를 소외감을 느끼거나, 학업 스트레스로 인해 깊은 좌절감을 경험하며 자책하거나, 세상으로부터 도피하려는 심리는 언제든 생길 수 있다. 대다수는 자신과 외부의 질책이나 압박으로부터 잠시 격리하는 안전한 피난처로 동굴을 선택한다. 그러나 일부는 현실의 어려움으로부터 멀어지려다 삶의 경로에서 멀어져 버리는 경우도 있다. 어두운 방에 틀어박히거나, 스마트폰 속 게임과 인터넷 세상으로 자발적 고립을 선택하는 것이 바로 그것이다.

'너무 아픈 사랑은 사랑이 아니듯, 너무 아픈 통과의례는 깊은 상처를 남기게 된다.'

동굴은 성장을 위한 필수적인 '숨 고르기'의 공간이자, 새로운 자아를 발견하기 위한 일시적인 '시련의 장'이 되어야 한다. 그러기 위해서는 아이들이 동굴 속에서 길을 잃지 않고 언젠가 툭툭 털고 일어나 통로를 향해 나아갈 수 있도록 햇살의 온기를 공급해야 한다.

'누구나 한 번은 동굴을 지나간다'는 표현은 브라질의 세계적인 작가인 파울로 코엘료의 소설 《피에트라 강가에서 나는 울었네 (1994)》에서 나오는 문구로, 깊은 슬픔이나 고통의 시간을 거쳐 다시 세상 밖으로 나아가는 인간의 성장과 회복을 상징한다.

청소년들의 동굴은 비단 어제오늘만의 이야기가 아니다. 과거의 청소년들 또한 자신들만의 '동굴' 속에서 외로움을 느끼고 방황의 시간을 보낼 수밖에 없었다. 1970~80년대 한국의 청소년들은 군사 문화의 거대한 벽과 때로는 폭력도 마다하지 않는 권위주의적 교육 환경에 놓여 있었다. 이때의 동굴은 '개천에서 용 난다'는 욕망과 경쟁, 일방적 학교 교육 환경에서 오는 스트레스, 그리고 억압된 사회 환경으로 인한 자기 표현의 갈증에서 비롯되었다. 학생들은 획일화된 교복과 군사 교육, 대학 입시, 반민주적 사회 체제의 높은 문턱 앞에서 좌절하며 내면의 동굴로 숨어들기도 했던 것이다.

예컨대 문학 작품에서 흔히 볼 수 있는 '고독한 방황'이나 '저항적인 아웃사이더'의 모습은 과거 청소년 동굴의 한 단면을 보여준다. 친구들과 어울려 놀기보다는 홀로 공상을 하거나, 다락방에 숨어 금지된 책을 읽으며 현실로부터 도피하는 모습은 그들 나름의 동굴 경험이었다. 사회적으로는 '문제아'로 낙인찍힐 수 있었지만, 개인적으로는 자신만의 세계를 구축하며 내면의 성장을 도모하는 시간이었던 것이다. 당시에는 자유로운 자기 표현이나 감정 소통의 기회가 적었기에, 동굴은 답답함과 소외감을 느끼는 공간이면서도 동시에 자신만의 유일한 해방구가 되기도 했다.

사례

/

몇 달째 방에서 거의 나오지 않고 밤낮이 바뀌어 생활하는 고등학교 자퇴생 민재. 민재는 온라인 게임 속에서만 친구들과 소통하고, 어쩌다 대면하게 되는 부모님과는 최소한의 대화만 한다. 짧게라도 부모님이 걱정하며 외출을 권하거나 친구에게 연락해 보라고 하면 화를 내는 것으로 대응한다. 그러나 민재 또한 겉으로는 괜찮은 척하지만, 속으로는 이러면 안 된다는 것을 알고 있다. 그러나 '밖에 나가서 사람들을 만날 용기가 없어', '오랜만에 친구들에게 연락했다가 어색해지거나 거절당하면 어쩌지?', '다른 사람들은 다 잘 지내는데 나만 이렇게 실패한 것 같아. 누가 나를 받아줄까?'라는 생각들로 가득하다. 사람들과 직접 이야기하는 것이 어색하고 두렵게 느껴지면서 점점 더 온라인 세상으로만 숨어버리고, 현실 세계에서의 연결을 시도할 엄두를 내지 못하게 되었다.

과거의 동굴은 비록 억압적 환경이었을지라도, 아이들은 여전히 대면 관계 속에서 성장할 수 있었다. 영화 〈친구〉의 장면처럼 집에서 부모님께 혼나거나 학교에서 선생님께 혼나는 경우가 있어도 교복 입은 친구들과 어울리고, 동네 골목에서 함께 뛰어놀며 자연스럽게 스트레스를 풀고 사회성을 키울 수 있었다. 스마트폰이나 인터넷이 없던 시절, 아이들은 몸으로 부딪히며 원초적인 방식으로 소통하고 갈등을 해결하는 법을 배울 수 있었다. 또한, 상대적으로 가난했지만 가족 간의 대화가 '밥상머리 교육'이라 표현될 만큼 아이들의 성장에 부정적이든 긍정적이든 영향을 주면서 공동체라는 소속감을 느낄 수 있었다. 어디 그뿐이겠는가? 동네 어른들의 따뜻한 관심과 훈육 또한 아이들이 완전히 고립되지 않도록 하는 안전망 역할을 했다. 누구 집 아이가 어디서 무엇을 하는지, 누구와 어울리는지, 어느 집에 가는지 부모와 마을 어른들이 속속들이 함께 돌보며 키우는 역할과 기능이 존재했다. 말 그대로 온 마을이 동네 아이들을 키웠던 시절이었다. 사회 체제는 억압적 권위주의가 팽배했지만 오히려 사람과 사람 간의 관계가 존재했기에 그들은 동굴 속에서 잠시 숨을 고르고, 때가 되면 다시 세상으로 나올 수 있는 희망의 빛이 항상 존재했던 것이다.

지금의 동굴은 타인들이 관여하기에는 그 문이 굳게 닫혀 버린 경우가 많다. 과거에는 물리적인 동굴이 있었어도 관계의 문은 열려 있었지만, 이제는 물리적인 공간의 제약뿐만 아니라 관계의 문마저 굳게 닫혀 버린 것이 현실이다. 사회가 비교할 수 없이 복잡해지고 경쟁이 일상화된 속에서 청소년들은 과거의 기준으로는 상상할 수 없는 심리적 압박과 불안에 시달리고 있다. 게다가 디지털 기술의 발달은 양날의 검이다. 찰나의 순간만 방심해도 어느 한쪽의 날에 깊게

베이게 된다. 사회적으로는 기술 혁신을 통한 삶의 진보를 꿈꾸지만 청소년들에게는 몰입을 넘어선 중독성으로 게임, 유튜브, SNS와의 일상 공존을 의미한다.

'모두 함께 동굴을 나가던 전통은 없어졌다. 그러나 원래 전통은 고정된 것이 아니었다. 새로운 가치와 경험으로 늘 새롭게 만들어 왔다. 지금 다시 전통을 만들어야 할 때다.'

초연결 사회 속 관계 단절의 시작

초연결 사회에서 관계 단절이 유행처럼 번지고 있다. 주거 대세인 1인 가구와 함께 드라마, 예능, 유튜브, SNS는 그렇게 '나'를 보호하는 동굴이 되고 있다. 함께 있어도 자신을 이해하는 것은 자신뿐이기에, 마음을 열 수 있는 그 무엇과만 교감하며 스마트폰 안으로 자신을 가두고 제한적 관계로 '사회적 고독생'을 자처하는 이들의 시작점은 과연 어디일까?

청소년 시기의 고립은 단순히 '혼자 있는 시간'을 넘어, '어떻게 혼자 있느냐'에 따라 이들이 건강한 사회 구성원으로 성장하는지에 큰 영향을 미친다. 이는 향후 그들이 속하게 될 사회 공동체의 운명과 미래에도 영향을 미친다고 볼 수 있다.

청소년기는 또래 관계를 통해 사회성을 학습하고 개인의 정체성을 조금씩 확립해 가는 시기이다. 관계를 맺는 방법을 배우고, 갈등과 이해관계를 조정하면서 공동체 안에서 함께 살아가는 법을 익히게 된다. 일상생활의 대부분을 온라인 주문으로 해결하는 현대 사회에서도 결국 만나고 부딪히고 조정하면서 해결해야 할 일들은 여전히 사회적 삶의 큰 영역을 차지하고 있기 때문이다.

최근 TV 예능 프로그램인 〈이혼 숙려 캠프〉를 보면, 출연한 부부들에게서 대인 관계 기술, 의사소통 능력, 이해력, 존중적 태도, 경청, 배려 등 기본적인 훈련과 배움이 결여되어 있음을 확인할 수 있다. 그리고 상당수 사례에서 부부 양쪽 또는 배우자 가운데 한 사람이 청소년 시기부터 위에서 열거한 문제들을 해결할 수 없는 가정적·사회적 환경에서 자랐거나, 성장 과정에서 이러한 문제들에 대한 훈련과 학습, 치유와 회복이 되지 못한 상태에서 결혼으로 이어지고 이후 상시 가정 불화가 지속되는 불행의 경로를 확인할 수 있다.

때로 세상일에는 배워야 할 시기가 있다. 청소년, 청년 시기에는 또래들과 함께 관계를 맺으며 그 안에서 함께 성장하는 것이 필요하다. (인생의 모든 시기에 적용되지만) 특히 청소년·청년 시기의 장기적 고립은 그것이 시작점이 무엇이었든 상관없이 사회적 상호작용 기회를 박탈하여 시민으로서의 성장을 저해하게 된다.

청소년·청년 시기 장기적 고립의 문제점을 요약하면

첫째, 심리·정서적 문제가 심화된다.
고립은 우울감, 불안감, 자존감 저하로 이어진다. 외부와의 소통이

단절되면 문제 해결 능력이 저하되고 극단적인 생각으로 이어질 위험을 높인다. 청소년의 우울감 경험률과 자살 욕구는 꾸준히 증가하고 있다. 여러 통계와 사례로 볼 때 청소년 시기의 정서적 문제는 성인으로 이행될 가능성이 크다. 청소년 시기에 조기에 개입하여 회복적 전환을 만들지 않으면 전 생애에 걸쳐 다양한 병리적 상황으로 발전할 수 있다.

둘째, 사회성 발달이 저해된다.

반복해서 강조했듯 청소년기는 또래 관계를 통해 사회성을 학습한다. 고립은 이러한 기본적인 상호작용 기회를 박탈하여 성인 이후에도 주변 관계와 사회 적응에 어려움을 겪게 되는 중요한 요인이 된다.

셋째, 학업 및 진로 문제의 불확실성이 커진다.

고립은 학업에 대한 흥미 상실, 학습 부진, 학교 부적응으로 이어져 결국 제도 교육 중단으로 이어질 확률이 크다. 제도 교육의 중요성이 낮아지고 다양한 진로·진학 경로와 대안적 학습 지원 프로그램 및 시스템이 존재하지만, 불확실성이나 위험은 존재한다. 결국 고립의 지속은 인적 자원의 효율적 관리 저해 요인이 되는 것이다.

넷째, 사회적 비용이 증가한다.

당연한 결과로서 장기적 고립은 무기력, 은둔형 외톨이, 니트족 증가로 이어진다. 이는 경제활동 인구 감소와 갈등 증가, 복지 부담이 되면서 당사자와 가족, 사회의 다양한 비용 지출로 전가된다.

청소년 고립은 단순한 개인의 문제가 아니라는 사회적 합의가 필요하다. 외로움이나 사회적 고립을 개인의 문제로만 치부하는 것 자체가 사회적 문제인 것이다. 청소년이나 청년들의 고립 원인은 일부를 제외하고는 사회 현상과 문화, 미디어, 정치·경제 구조와 연관지어 설명하지 않을 수 없다.

고립은 그 대상이 누구든 지속 가능한 사회 공동체의 발전을 위협하는 심각한 문제이다. 입만 열면 청소년과 청년이 이 나라의 미래라고 이야기하는 중앙 정부부터 지방 정부에 이르기까지, 시민 사회와 학교가 아이들의 '고립'에 적극적으로 개입하고 지원하는 시스템을 만들어야 할 이유인 것이다.

코로나19를 떠올리면 우선 '마스크'가 떠오른다. 팬데믹의 물리적 제한은 사라졌지만, 주변의 아이들이나 일부 성인은 여전히 '마스크'를 벗지 못한 채 살아가는 경우가 많다. 여기서 '마스크'는 단순히 방역 수칙을 준수하는 물리적 마스크만을 의미하지 않는다. 오랜 기간 비대면에 익숙해지면서 생긴 사회적 불안감, 대인 관계의 어려움, 심리적 위축 등이 자연스럽게 내면화되어 자발적인 거리 두기를 이어가게 만드는 보이지 않는 '심리적 마스크'를 의미한다. 친구들과 함께하는 시간이 줄어들면서 소통 능력은 퇴화하고, 감정을 표현하고 공감하는 방법을 잊어버린 아이들도 많다. 비대면 수업에 따른 학업 격차의 확대는 또 다른 좌절감을 안겨주었고, 이로 인한 미래에 대한 불안감은 더욱 커질 수밖에 없었다.

코로나19 팬데믹은 전 세계를 덮치며 우리의 일상을 송두리째 바꿔 놓았다. 특히 '사회적 거리 두기'와 '비대면'은 청소년들의 삶에 지대한 영향을 미칠 수밖에 없었다. 학교는 원격 수업으로 전환되었고,

사람들과의 만남이 제한되다 보니 당연히 친구들과의 만남도 소원해질 수밖에 없었다. 동아리 활동이나 체험 학습 등 외부 활동의 대부분이 사실상 불가능해지면서 무기력과 답답함이 증가하였다.

사례

/

'코로나 블루'라고 불릴 정도로 정신 건강 문제가 심각한 수준에 이르자, 지난 2021년 정부도 '온 국민 마음 건강 종합 대책'을 발표하여 향후 5년간 정신 건강 분야에서 국가 책임과 공공성을 강화하기로 하였다. 그렇지 않아도 낮은 행복 지수와 높은 자살률 등 우리 사회의 정신 건강 수준을 고려할 때, 코로나19 이후 국민의 정신 건강 문제는 더욱 심각해질 우려가 제기되었기 때문이다.

아직 정부가 약속한 5년이라는 기간이 도래하지는 않았지만, 청소년을 포함한 국민들의 정신 건강의 실질적 개선이 뚜렷하게 체감되고 있지는 않다. 여러 요인이 있겠지만 자살률은 다시 증가세로 돌아섰고, 전반적인 개선 여부를 뒷받침할 공식 통계도 발표되지 않고 있나. 성책적 노력과 빙향은 긍정적이나, 실질적이고 실효선 있는 견과를 위해서는 지방자치단체와의 협력 체계 구축을 포함한 추가 대책이 필요하다.

코로나19가 남긴 그림자는 단순히 신체 건강 문제를 넘어, 청소년들의 마음 건강에 깊은 상흔을 남겼다. 아이들은 '보이지 않는 마스크'를 끼고 더 어둡고 깊은 동굴 속으로 들어가는 계기가 되었다. 물리적·심리적 고립은 해결되지 않은 채 그대로 남아 있게 된 것이다. 코로나 시기에 마스크를 끼고 10대와 20대를 보낸 아이들이 성인이 되면서 어떤 세대적 특성을 갖게 될지 우리 사회는 미처 예측하고 준비하지 못하고 있다. 이렇게 굳어진다면 아이들에게 동굴은 잠시 충전하며 쉬어 가는 공간이 아니라, 출구를 찾기 어려운 미로가 되어버릴 것이다.

첫 확진자 발생 이후 3년 4개월 만인 2023년 5월 10일 코로나19 종식은 선언되었지만, '코로나 블루'는 지금도 일상에서 계속되고 있다.

함께 맞는 비

　누구나 살면서 여러 번 위기나 어려움을 자초하기도 하고 불운으로 겪게 되기도 한다. 그때마다 크든 작든 정신적 충격은 누구나 있기 마련이다. 어떤 사람은 그때마다 잘 추스르고 극복하여 다음 단계로 나아가기도 하지만, 어떤 사람들은 정신적으로 무너진 이후 이를 극복하는 데 오랜 시간이 걸려 트라우마로 남기도 하거나, 아예 주변 관계를 끊고 침잠해 버리는 경우도 있다.

　청소년기의 동굴 경험은 피할 수 없는 성장의 과정일 수도 있다. 그러나 이 동굴 속에서 좌절하고 무너지는 것이 아니라, 위기를 딛고 일어서는 힘, 즉 회복탄력성(resilience)을 기르는 것은 해당 시기뿐 아니라 남은 인생을 살아가는 데 큰 경험과 힘으로 작용하기에 정말 중요한 것이나.

　회복탄력성은 역경과 어려움 속에서도 좌절하지 않고 긍정적인 방향으로 나아갈 수 있는 능력을 말한다. 마치 용수철처럼 눌려도 다시 튀어 오르는 힘과 같다. 청소년 시기에 어려운 일을 회복탄력성을 성공적으로 발휘하여 극복하게 된 기억과 경험을 갖게 된다면 얼마나 좋은 일인가? 그것은 마치 인생이라는 긴 항해를 떠날 때 영원히 마르지 않는 생명수를 품고 가는 것과 같을 것이다.

문제 발생 시 아이가 회복탄력성으로 대처하려면 어떤 것이 필요할까?

첫째, 단 한 명이라도 지지자가 필요하다.

평소 친구, 부모 등 주변 사람들과의 따뜻하고 지지적인 관계는 아이들이 어려움에 처했을 때 기댈 수 있는 버팀목이 된다. 그러나 단 한 명이라도 스스로 의지할 수 있고 속마음을 털어놓고 이야기 나눌 수 있는 친구나 가족이 있다면 아이는 회복의 길로 나아갈 수 있다. 이러한 관계가 있다면 분명히 문제가 악화되는 것은 막을 수 있다. 혼자일 때 문제는 심화되지만, 혼자가 아닐 때 문제는 해결의 입구에 서게 된다.

둘째, 작은 시도의 반복이 중요하다.

어려운 상황, 처지, 관계, 마음이 되었을 때 이를 회복하려면 작은 것부터 시작해야 한다. 중요한 것은 '나는 가능하다'는 믿음을 스스로 갖게 하는 것이다. 성공은 크기로 말하는 것이 아니라 경험으로 익히는 것이다. 작은 시도들이 쌓이는 과정이 반복된다면 그것은 필연적으로 다음 단계로 나아가는 용기로 이어지게 된다.

셋째, 기다림과 친숙해져야 한다.

아이들에게 문제가 발생했다고 하여 수학 문제 풀 듯이 한 번에 풀어서 제출한다고 해결되는 것은 거의 없다. 작게 시작된 문제가 커지고, 끝난 줄 알았는데 반복될 수 있다. 빙하는 멈춰 있는 것처럼 보이지만 그 밑에 빙하수가 흐르기 마련이다. 청소년 시기에 발생한 문제들이 아무렇지 않아 보여도 종료에 대한 섣부른 판단은 금물이다. 그러기 위해서는 자연스럽게 상황 전체가 서서히 가라앉기를 당사자나 지켜보는 사람들이 기다려야 한다. 그 시간은 예측할 수 없다. 기다림과 친숙해질 때까지 기다려야 한다.

청소년 시기에 문제에 직면했을 때 회피하지 않고 적극적으로 해결하려는 태도와 변화하는 환경에 유연하게 대처하는 능력의 강조는 책 속에나 있는 강의 자료일 가능성이 높다. 실제로는 아이는 아이대로, 부모는 부모대로 각자의 방식으로 해결하려 할 가능성이 높다. 특히 부모들의 경우 상황에 대한 구체적인 전모를 모른 채 개인적 경험이나 짧은 정보를 가지고 결국에는 일방적 훈육이나 기대치의 연장선상에서 아이와 엇갈리게 되는 경우가 많다.

회복하고 있다는 것은 긍정싱이 살이니고 있다는 것이다. 상황을 바라보는 시각에 약간의 여유가 생겼고 유연해지고 있다는 것이다. 천천히 무언가를 시작할 수 있다는 것이다. 그 시간을 맞이할 수 있다는 것은 아이와 함께 비를 맞아주는 가족, 친구들이 있다는 것이다.

코로나19로 인하여 많은 아이들이 좌절과 무기력을 경험했지만, 정작 중요한 것은 그들이 겪는 아픔을 공감하고 다시 회복할 수 있도록 아이가 속해 있는 모든 곳에서 이 아이의 문제를 자신들의 문제로 인식하며 각자가 사회적 안전망과 지지 체계가 되어 주는 것이다. 회복 탄력성은 타고나는 것이 아니라 길러지는 것이다.

2장

보이지 않는 위기,
외면할 수 없는 현실

국가적 대의

2.1

 세계보건기구(WHO)는 전 세계적으로 10~19세 청소년 7명 중 1명이 정신 건강 문제를 겪고 있으며, 이는 해당 연령대의 질병 부담 중 15%를 차지한다고 밝힌 바 있다. 즉, 청소년 정신 건강 문제가 전 세계적인 공중보건 위기라는 뜻이다. 프랑스 고등학생 4명 중 1명은 자살을 생각했다고 한다. 프랑스 청소년 정신 건강에 적신호가 켜졌다는 심각한 위기의식에 프랑스 정부는 올해 청소년 건강 문제를 '국가적 대의'로 선포하였다.

 이웃 영국의 사례는 더 심각하다. 17~19세 청소년의 정신 질환 추정 유병률이 2022년에는 25.7%에 달하고 있다. 또한 8~25세에 해당하는 어린이부터 청년에 이르기까지 5명당 1명이 정신 질환을 겪고 있는 것으로 나타나 충격을 주고 있다.

 그렇다면 우리나라의 현실은 어떠한가? 10대 청소년의 인구 10만 명당 자살률은 언제나 OECD 최상위권이다. 최근 심각하게 자살을 생각한 적이 있다는 청소년이 15.2%로 나타났고., 실제로도 정신과 병원을 찾는 청소년의 수는 급증하고 있다.

국가별, 지역별로 청소년의 스트레스와 정신적 고통은 조금씩 차이가 있고 그 요인 또한 복합적이다. 그러나 우리나라에서 청소년 스트레스의 가장 큰 문제로 대부분의 전문가가 주저 없이 지목하는 것은 압도적으로 높은 교육열과 입시 중심의 교육 시스템이다. 유치원부터 시작되는 입시 경쟁은 아이들에게 '헬조선'으로의 진입을 알리는 첫 번째 신호가 된다. 그 외에도 학교, 교사, 친구, 가족, 외모, 진로, SNS 등 전방위적인 압박 속에서 아이들은 심리적으로 위태로운 상태에 놓이게 된다.

사례

/

중학교 2학년 민준이는 다음 주 중간고사 생각만 하면 머리가 지끈거리고 속이 울렁거린다. 공부할 내용은 많은데 시간은 부족하고, 작년에 비해 어려워진 문제들을 보면 자신이 없다. '이번에도 성적 떨어지면 엄마 아빠가 실망할 텐데…', '친구들은 벌써 문제집 몇 권씩 풀었다는데 나는 뭘 하고 있는 걸까' 생각하면 심장이 두근거리고 손에 땀이 난다. 시험만 앞두면 잠도 오지 않고 입맛도 없다. 책상에 앉아서도 아무것도 할 수 없으며, 집중은 안 되고 그냥 포기하고 싶다는 생각만 든다.

고등학교 3학년 서연이는 얼마 전부터 밤에 잠을 이루지 못하고 있다. 원하는 대학에 가기에는 성적이 부족하다 보니, 어느 과에 가야 할지, 대학을 졸업한 이후에는 어떻게 해야 할지 꼬리에 꼬리를 물고 고민만 늘어간다. 친구들은 다들 목표가 있다고 하는데 자신만 뒤쳐지는 것 같아 너무 불안하고 초조하다. 부모님은 "네가 열심히 안 하니까 그렇지!" 하고 혼내시고, 담임 선생님은 현실적인 성적에 맞춰 지방 대학교 진학을 하거나 재수를 권하시지만, 서연이에게는 그 모든 말이 더 큰 압박과 자신감 상실로 다가온다. 이제는 아무것도 할 수 없을 것 같다. 자신감도 없고 모든 것이 귀찮아져 어딘가에 숨어버리고 싶다는 생각만 든다.

입시 경쟁에 따른 스트레스 외에도 아이들은 학교 제도, 친구 관계, 가족 불화, SNS 표현, 불안한 미래 등 다양한 형태의 스트레스에 노출되며 힘들어 한다.

스트레스가 없는 사람은 없다. 적당한 스트레스는 목적 성취와 자기 성장의 동력이 되기도 한다. 그리고 누구나 겪어 내는 생활의 과정에서 발생하는 스트레스는 어떻게 극복하느냐에 따라 오히려 변화와 성장을 위한 디딤돌이 되기도 한다. 그러나 지금의 아이들이 겪는 스트레스는 이러한 정상적인 스트레스 발생 요인과 대처라는 고전적 방식과 완전히 궤를 달리하며, 한 아이의 삶의 경로를 결정지을 만큼 커다란 리스크로 다가오는 것이다.

그러기에 유럽 각국에서는 정부 차원에서 대응책을 마련하여 시행하고 있다. 최근 에마뉘엘 마크롱 프랑스 대통령은 '15세 미만 SNS 금지'를 선언하고, 만 3세 이상부터 연간 12회에 걸쳐 의사 소견서를 받아 지정된 심리학자에게 상담을 받게 하는 등 적극적인 정책을 발표하고 있다. 다른 유럽 국가들 또한 앞다투어 청소년의 SNS 규제 방안을 발표하며 청소년 정신 건강 관리를 시급한 과제로 삼고 있다. (2025. 8. 8. KBS 뉴스)

지금 우리가 청소년들에게 제공하는 정책과 사업들은 우리가 지원할 수 있는 최선의 방안인가? '한 나라의 미래를 보려거든 그 나라의 청소년을 보라'는 말이 있다.
지금 우리는 우리의 미래를 위하여 최선의 노력을 다하고 있는가?

로빈슨 크루소와 오대수

고립이라 하면 흔히 무인도에 홀로 도착한 로빈슨 크루소를 먼저 떠올린다. 크루소가 탄 배가 아프리카로 가다가 난파되어 표류 끝에 어느 무인도에 도착하고, 그곳에서 28년 동안 적응하며 살아가다가 영국 상선에 구출되어 돌아오게 되는 대니얼 디포의 소설이다. 소설 속에서 크루소는 무인도에서 야생 염소들을 길들이고 개척하여 농사를 지으며 집을 짓고 살아간다. 철저하게 고립된 환경 속에서도 긍정의 힘으로 적응하며 살아가다 무인도를 나온 후 28년간 묵혀 두었던 재산이 불어나 결국 부자가 되어 고향으로 돌아간다는 이야기이다.

15년간 강제적으로 신체와 정신이 구금되었던 영화 〈올드보이〉의 오대수가 겪은 고립 또한 우리가 떠올릴 수 있는 고립이다. 영화 속에서 오대수는 자신이 감금된 이유를 알기 위해 증오와 복수심으로 고립을 이겨 낸다.

그러나 우리 아이들의 고립은 소설과 영화의 한 장면처럼 펼쳐지지 않는다. 아이들이 여러 이유로 관계에 부적응하고 밀려나면서 선택하게 되는 상실감, 두려움, 무기력, 우울감, 자해, 약물 중독의 여러 과정과 단계를 거쳐 결국 극단적인 선택을 하게 되는 사례가 발생한다. 그런 측면에서 보면 아이들이 동굴 속으로 들어가는 것을 '선택'이라고 단정하기는 어렵지만, 어떤 면에서는 오히려 극단적인 결정을 피할 수 있는 '선택지'였을 가능성은 있다. 결국 그러한 방법이 극단적인 선택으로부터 자신을 보호하는 것일 수도 있다. 그러나 분명한 것은 청소년·청년 시기의 고립은 단순히 혼자 있는 상황을 넘어서 심리적·사회적 단절 상태로 이어질 확률이 높다는 것이다.

사례

/

영수는 중학교 때 친구들에게 따돌림을 당했던 경험으로 큰 상처를 받고 학교를 그만둔 후 집에만 있게 되었다. 주변에서는 처음에는 '조금 쉬면 괜찮아지겠지' 하고 생각했지만, 점점 더 방 밖으로 나오지 않았다. 부모님이 걱정하며 말을 걸거나 외출을 권하면 짜증을 내거나 듣지 않았다. 부모님은 아이가 노력을 하지 않는다고 생각하고 다그치기도 하였다. 아이는 겉으로는 아무렇지 않은 척했지만, 속으로는 '내가 이렇게 초라한데 세상에 나갔다가 더 비웃음 당하면 어쩌지?', '다 내 잘못이야. 나는 틀렸어'라는 생각 때문에 괴로워하였다. 부모님의 다그침은 아이의 무너진 자존감을 더욱 상처 입히고,

스스로 일어설 마지막 용기마저 꺾었다. 아이는 점점 더 깊은 고립의 늪에 빠져들고 있으며, 이제는 부모님과의 대화마저 단절하고 은둔형 외톨이가 되었다.

혜영이는 부모님의 잦은 갈등과 이혼을 경험한 후 가족과의 정서적 연결이 끊겼다. 그러면서 친구들과의 관계에서도 어려움을 겪기 시작했다. 부모로부터 충분한 애정을 받지 못한 혜영이는 점점 자신감을 잃게 되었고, 경제적 어려움으로 인해 여러 체험 활동에 참여하지 못하게 되고 급기야 학원마저 다니지 못하게 되었다. 이제는 공부에도 흥미를 잃게 되었고 학교도 자퇴하게 되면서 연락이 끊긴 상태다.

어떤 경우, 일부 사람들은 주체성과 자기다움을 지키기 위해 의도적으로 고립을 선택하기도 한다. 또 사회적 경쟁이나 비교에서 자신을 보호하기 위해 소속된 곳을 탈퇴하거나 이주하는 방식으로 자발적인 고립을 택함으로써 추가적인 상처를 예방하기도 한다. 이러한 고립은 적극적인 자기 방어적 고립으로써, 아이들의 그것과는 전혀 다른 것임을 알 수 있다.

청소년·청년기의 고립은 단순한 관계 단절에 그치지 않는다. 해당 시기뿐만 아니라 장기적인 삶의 질과 사회적 적응에도 심각한 영향을 미치게 된다. 최근 한 연구에서는 사회적 고립을 경험한 청소년의 70%가 자신을 낮게 평가하는 경향이 있으며, 이는 사회적 기술 발달과 자아 정체성 확립에 장애가 된다고 발표했다.

아이들의 사회적 고립은 학업 문제에서부터 정신적 측면에 이르기까지, 그리고 그가 속한 가족과 사회 공동체에 큰 영향을 미친다. 아이들의 사회적 고립은 시간이 지날수록 심화되고, 이를 되돌리기 위한 본인과 가족, 사회적 부담과 지출은 더 커지게 된다.

조기 발견을 통한 예방적 조치가 선제적으로 진행되어야 하고, 이를 위한 지원 체계가 마련되어야 한다. 가족은 물론이거니와 중앙 정부로부터 지자체까지의 제도 개선과 예산 배정, 관련 공공기관, 시설, 전문가, NGO, 학교의 적극적인 협력 체계 구축이 상설화되어야 한다. 아이들이 회복을 통해 사회적 연결망으로 돌아오도록 국가적 차원의 전향적인 노력이 필요하다.

부끄러운 훈장

인간은 사회적 존재이며, 사랑받고 인정받고 싶은 본능을 가지고 있다. 사람이 사회적 존재로 살아가는 동안에 어느 시기나 비슷하나, 특히 청소년기에는 또래 집단에 소속되려는 욕구가 강하다. 이 시기에 '따돌림 받을지도 모른다'는 두려움은 아이들에게 깊은 불안감을 안겨 주며, 나아가서는 '따돌림 받고 있다'는 감정을 가질 때 극도의 무력감과 절망감을 느끼고 극단적인 선택에 이르게 된다.

일시적이든 장기적이든, 그 배경이 무엇이든 따돌림받는다는 것은 배제된다는 것을 의미한다. 이러한 배제와 따돌림은 당사자에게 치명적인 상처가 되기도 하며, 오랫동안 치유되지 않은 상태로 마음에 머물며 개인의 삶에 장기간 부정적인 영향을 미친다.

사례

/

초등학교 5학년 성훈이는 다문화 가정의 아이다. 엄마는 베트남에서 한국으로 온 이주 여성이다. 피부색 때문에 초등학교에 입학할 때부터 아이들이 놀려 성훈이는 집에 오면 학교 가기 싫다고 울곤 하였다. 이제는 체념한 듯 집에 와도 말없이 혼자 있곤 한다. 아빠와 엄마가 일을 나가야 하므로 집에서는 할머니와 주로 있는데, 할머니가 아무리 말을 걸어도 대답하지 않는다. 속상한 엄마가 학교에 가서 담임 선생님과 상담을 했지만 선생님은 어떻게 할 수 없다고만 하실 뿐이다. 이제 초등학생인데 학교에 갈 때는 침울하고 우울해하는 모습이 역력하다. 친구 한 명 없이 그냥 외톨이로 교실에 앉아만 있다 오는 성훈이가 너무 불쌍하다.

이 시기에 일부 아이들은 또 다른 배제를 염려하여 부모나 가족에게 상황을 알리지 않기도 한다. 그러한 경우를 대비하여 부모들은 평상시 아이들과의 대화를 위한 관계 형성을 세심하게 신경 써야 한다. '내 아이는 내가 잘 안다'는 생각을 내려놓고, 그저 아이와 일상을 공유하는 것이 중요하다. 성적이나 공부 이야기 말고도 아이들과 나눌 이야기는 많다. 아이가 자신의 상황에 대해 편하게 털어놓을 수 있도록, 가끔이라도 언제든 편하고 자연스럽게 부모 중 누군가와는 이야기 나눌 수 있는 연결고리와 대화의 끈을 유지하는 것이 중요하다.

그러나 결국 문제는 발생한 곳에서 일차적으로 해결되어야 한다. 아이들이 배제에 대한 두려움, 따돌림에 대한 공포를 갖는 것은 당연하다. 이것은 아이들이 소속된 (주로) 학교와 교사의 적극적인 개입 없이는 아이들 개인의 힘으로만 해결되기에는 분명 한계가 있다. 하지만 아이들이 소속된 교육 현장의 책임자들이 적극적으로 행동하지 않을 때 아이들은 또 다른 절망을 느끼게 되고, 그 과정에서 더 깊은 상처를 받게 된다.

학교와 교사들은 우선적으로 아이들의 마음을 보호하는 것에서부터 시작해야 한다. 그러한 상황에 대한 공감과 지지가 필요하다. 그리고 학교와 교사가 아이와 함께한다는 것을 정확히 인식시켜 주어야 한다. 다음으로 상대방 아이들과의 진지한 대화가 진행되어야 한다. 그 아이들 또한 억울함이 있을 수 있고, 그렇게 행동해야만 했던 이유도 있을 수 있다. 교사는 그러한 다양한 변수에 대해 포용적인 자세를 가지고 문제 해결에 나서야 한다.

학교폭력대책심의위원회(학폭위)는 마지막의 마지막에 만나는 어쩔 수 없는 과정이 되어야 한다. 극히 일부의 사례이지만, 일부 학교와 교사에게 학폭위는 만능키처럼 사용되기도 한다. 학교와 교사가 교육적 대화를 포기하거나 그러한 대화를 지속할 능력을 상실했을 때 아이들은 더 깊이 절망한다. 부모들은 거친 욕망으로 서로의 맨살을 드러내게 된다. 그런 방식이 학교와 가정, 아이들의 행복에 조금도 도움 되지 않고 가장 비교육적인 방식이기에, 학교와 교사는 부모들과의 대화를 지속하면서 아이들 간의 관계 개선을 위한 다양한 만남을 교육의 이름으로 진행해야 하는 것이다.

부모가 욕망을 내려놓고 아이의 진정한 성장만을 바란다면, 그리고 그 중재의 역할을 학교와 교사가 최선을 다해 수행한다면 아이들 간의 문제는 해결될 수 있다. 그리고 아이들도 타인을 배제하거나 따돌리지 않을 용기를 배우고, 그 상대방 아이의 고통에 공감하고 위로하며 사과하는 성숙한 관계 맺기를 이뤄낼 수 있다. 그렇게 될 때 학교 공동체가 회복되고 이들이 성장한 뒤 만들 사회 공동체의 발전도 기대할 수 있는 것이다.

아이들이 학교에서 따돌림에 대한 두려움을 갖는 것은 우리 교육에 부여하는 최고의 부끄러운 훈장이다. 상식에 기반한 교육과 학교 현장이 살아 움직일 때 아이들은 따돌림받는 것에 대한 두려움을 잊게 된다. 배제되어도 다시 회복될 수 있다는 믿음을 갖게 된다. 비로소 아이들은 동굴 밖으로 나아가게 된다.

　어떤 측면에서 어른들은 아이들과 말을 나누는 법을 잊고 살고 있다. 아니, 대화하는 법 자체를 잊어버렸는지도 모른다. 조용한 동굴 속에 있는 아이들에게 가장 필요한 것이 무엇인지, 아이들이 진정으로 필요로 하는 것은 무엇인지 생각할 겨를도 없이 우리는 우리의 마음대로 아이들의 마음을 예단하고 있는지도 모른다.

　아이들은 질병이나 사고가 없는 한 그들의 말, 곧 언어가 퇴행하는 것은 아니다. 그래서 어쩌다 마음에 맞는 사람과는 수다스러울 정도로 많은 말을 주고받는다. 아이가 지금 동굴 속에 있다면 동굴과 아이를 함께 보듬어야 한다. 무엇을 치장하려 하지 말고 그냥 울타리만 쳐주면 된다. 울타리는 넓으면 넓을수록 좋다. 굳이 말하지 않아도 아이들 또한 그 울타리에서 편안함을 느끼고 평온한 감정을 갖게 된다. 울타리, 그것이면 충분하다.

　언젠가 그 넓게 만든 울타리도 좁다고 느낀 아이가 눈으로 말을 걸어오면 울타리를 치워 주는 것이 어른들의 일이다. 울타리를 치워도 아이는 안전하다. 울타리가 없어도 아이를 해치는 것은 없다. 아이는 이제 말을 걸어오거나 손을 내밀게 된다. 그때 어른들이 건네는 '괜찮았어?' 한마디면 된다. 그것으로도 충분하다.

원래 사랑하는 사람끼리는 많은 말을 하지 않아도 된다. 온기는 말로 전하는 것이 아니다. 가끔 보았는데도 어제 본 듯이 아무렇지도 않게 대화하고, 밥 먹고 서로 갈 길을 갈 수도 있다. 어디 있든지 서로가 서로를 믿고 의지하며 응원하고 '내 편'으로 남아 있을 것이라는 것을 알기 때문이다.

혼자 있어서 외로운 것이 아니라, 마음을 알아주는 이가 없어서 외로운 것이다. 그런데 혼자 있지만 이러한 마음을 존중하고 이해하며 지지해 주는 사람들이 있으니 외롭지 않은 것이다. 몇 명과 함께 있는지가 중요한 것이 아니라, 몇 개의 마음과 만나고 있느냐가 중요한 것이기 때문이다.

그냥 듣기만 해주어도 대화는 충분하다. 그렇게 말하고 나서 공감받고 있다는 편안함을 느낀다면, 그것으로 관계는 튼튼한 실로 묶인 것이다. 작지만 소중한 관계로 한 명씩 마음을 나누는 것이 군중 속의 고독보다 따뜻하다. 마음을 전달하는 말은 기능으로 하는 것이 아니다. 마음을 돌봐주는 마음만 있다면 아직 동굴에 있더라도 그 아이는 춥거나 외롭지 않다.

때는 그렇게 온다. 그렇게 마음이 쌓이고 쌓여 한 걸음을 걷고 싶어진 어느 날, 아이는 아무렇지도 않은 표정으로 동굴 밖 햇살을 맞게 된다.

가슴 아픈 현실이나, 우리나라의 자살률은 그 추세가 진정될 기미를 보이지 않고 있다. 여전히 OECD 국가 평균의 두 배가 넘고 있다. 우리 사회가 왜 이렇게 되었는지 깊은 고민과 성찰을 하지 않을 수 없다. 그때마다 그럴듯한 슬로건과 문구로 발표문은 배포되지만, 결국 '돌려막기식' 대책 발표에 그치는 것이 현실이다. 뻔한 대책 수립에 앞서 우리 사회가 어쩌다 이렇게 '죽음의 행렬'이 멈추지 않는 사회가 되었는지에 대한 성찰과 되돌아봄이 절실하다. 청소년부터 성인에 이르기까지 스스로 삶을 마감한 사람들은 절망적인 상황에서도 누구의 관심과 손길도 기대할 수 없었기에 낭떠러지 앞에서 절규한 것이다.

일반 성인의 경우 96.6%가 자살이라는 극단적인 선택을 하기 전에 일정한 경고 신호를 보낸다. 1개월 전부터는 자살에 대한 언급(24.1%)을 하거나 눈에 보이는 우울감, 불안감, 식욕 부진 등 극심한 감정 상태 변화(19.1%)와 주변 정리를 하는 행동(14.0%) 등이 나타난다.

　그러나 같은 상황에서도 많은 아이는 자신의 고통을 주변에 알리지 않는다. 아무렇지 않은 척, 심지어는 극단적인 선택을 하기 직전까지 밝은 모습을 보이기도 하여 소식을 접한 주변 사람이 놀라고 당황하는 사례가 많다. 그러나 그 이면에는 감당하기 힘든 학업 스트레스, 미래에 대한 불안, 친구나 가족과의 갈등, 외모에 대한 압박, 그리고 사회관계망서비스(SNS)를 통한 비교 등 복합적인 요인이 뒤엉켜 견디기 힘든 상태로 내몰리다 결국 선택의 끝자락에 서게 되는 것이 현실이다.

　2017년부터 2023년까지 스스로 목숨을 끊은 10대 학생은 모두 1,151명이었다. 이는 1.7일에 한 명꼴로 10대가 자살한다는 의미이다. 2017년 연간 114명이었던 학생 자살자는 2023년에는 214명으로 두 배 가까이 급증하였다. 문제는 아이들의 자살을 예측할 수 없다는 점이다. 해당 기간 평균 72%의 경우 '학생의 자살 전 변화는 목격되지 않았다'고 조사된 것이 이를 입증하고 있다. (EBS 청소년 마음 건강 심층 기획 취재기, 2025. 7. 15)

사례

/

고등학교 2학년 영주는 SNS에서는 늘 밝고 예쁜 옷을 입고 있거나 강아지 '뽀미'와의 행복한 사진만 보인다. 댓글에는 귀엽고 예쁘다는 반응 일색이다. 그러나 사실 영주는 하루에도 몇 번씩 이유 없이 눈물이 나고, 밤에는 잠도 잘 오지 않는다. 친구들 속에 있어도 너무 외롭고 숨이 막힐 정도로 답답함을 느낀다. 자신에게 어울리지 않는 옷을 계속 입고 있는 자신이 너무 싫다. 사실은 하고 싶은 것도 모르겠고, 아무것도 하고 싶지 않다. 그러나 이런 자신의 모습을 친구들이나 부모님에게 이야기할 수 없다. '다들 나를 행복하고 잘 지내는 사람으로 알고 있는데, 힘든 모습을 보이면 실망하겠지?'라는 생각 때문에 '괜찮은 척'한다. 영주는 이런 자신이 너무 미워진다. 가면을 쓰고 우아한 거짓말을 하는 자신이 혐오스럽다. 영주는 지금 발버둥 치는 심정으로 하루하루를 보내고 있다.

자살이라는 극단적인 선택은 순간적인 충동에서 비롯되기도 하지만, 대부분은 오랜 기간 축적된 고통과 절망감의 결과이다. 아이들은 자신의 문제를 해결할 수 없다고 느끼거나, 주변에 도움을 요청해도 소용없다는 좌절감에 빠지면서 마지막 탈출구로 자살을 생각하게 되는 것이다.

청소년 지살은 우리 사회가 더 이상 외면할 수 없는 비극적인 현실이다. 통계청 자료에 따르면, 10대 청소년 사망 원인 1위는 수년째 '자살'로 나타나고 있다. 이는 단순한 숫자가 아니라, 우리 아이들이 얼마나 깊은 절망과 고통 속에서 살아가고 있는지 보여주는 잔인한 증거이다.

아직도 청소년 자살을 나약한 아이들의 이해할 수 없는 개인적 행위로 치부하거나, 보호자의 관심 부족, 교사의 관리 부족으로만 책임을 돌리기에는 우리 사회가 치러야 할 고통과 아픔이 너무 크다.

“사라지고 싶다.”
“다 끝내고 싶다.”
“내가 없으면 모두 편해질 텐데.”

“조금 지나면 괜찮겠지.”
“저러다 말겠지. 다 그렇게 크는 거니까.”
“병원 가거나 상담받을 정도는 아니잖아?”

“나 너무 힘들어.”
“정말 죽을 것 같아.”
“이렇게는 더 못할 것 같아.”

“너 하나 때문에 다른 아이들이 너무 힘들어.”
“왜 꼭 너만 말썽이니?”
“네가 없어야 우리가 행복할 것 같아.”

아이들도 극단적인 선택을 암시하는 글과 메모를 남길 때가 있다. 그러나 많은 어른은 본인이 해왔던 방식을 바꾸지 않는다. 결국 아이들을 극도의 절망으로 내모는 것은 어른들의 잘못된 경험과 편견이다.

지난해 교육방송 EBS가 청소년 마음 건강 심층 기획을 취재하면서 가장 안타까움을 느꼈던 부분으로 소개한 것은 우리 사회에 뿌리 깊게 박힌 어른들의 자기 경험과 편견이었다. 일부 부모나 교사 모두 이러한 범주에서 크게 벗어나지 않았다. 의료적 소견을 판정받은 아이에게도 어설픈 공정의 개념으로 적절한 보호와 지원을 주저하는 교사, 그리고 '내 아이가 그럴 리가 없다'고 감싸거나 '의지의 문제'로만 치부하는 부모의 경험이 아이들에 대한 시의적절한 상담과 치료를 놓치는 중요한 이유가 되는 것이다.

일부 부모나 교사의 잘못된 대처 방식을 바꾸고 즉각적이면서도 실효적인 대책으로 개입해야 할 교육 당국과 일선 교육 현장의 늑장 대응 또한 문제를 악화하는 주요인이다. 학생 전체를 대상으로 한 마음 건강 교육, 사회정서 학습이 필요함에도 불구하고 올해부터 전국으로 확대된 사회 정서 학습은 아직 6차시에 불과하고 초·중·고등학교 학교급에 맞게 반복적으로 연계하여 이루어지지 않고 있다. (EBS 청소년 마음 건강 심층 기획 취재기, 2025. 7. 15)

시대에 따라 변화하는 아이들의 감정에 반응하면서 초·중·고등학교 단계별 사회 정서 학습 수업과 프로그램, 이를 진행할 전문 교사의 확보 등은 이미 오랫동안 각계에서 강조되어 왔지만 특별한 진전은 없다. 방송에 소개된 해외 사례들만 해도 일일이 열거할 수 없을 정도로 차고 넘친다. 책상 위 컴퓨터만 켜면 세계 각국에서 아이들을 위해 펼치고 있는 정책과 사업을 찾는 방법은 무수히 많다. 세계의 선진국들이 청소년의 위기를 국가의 위기로 규정하고 '적극 대응'이라는 단어가 무색할 만큼 아이들을 구하기 위해 총력전을 펼치고 있다. 정보화를 넘어선 초연결 사회에서 검증된 사례가 부족하여 대응을 못 하는 것은 없다. 이미 드러난 사회적 문제를 문제로 인정하고, 그것을 해결해 보자는 본질적 의지만 있다면 해결 방안은 있다.

몇 년째인지도 모를 만큼 오랫동안 세계에서 가장 높은 순위의 청소년 자살률을 유지하고 있는 우리나라에서 해당 사안에 대한 신속하고 전면적인 변화의 소식은 없다. 교육부는 담당과를 만들었으니 큰일을 했다고 생각할 것이다. '이렇게 새로운 부서를 만드는 것만 해도 얼마나 어려운 일이었는지 아느냐'고 되물으면서, 이제 한 걸음 내디뎠다고 자평할 것이다. 그렇게 보도자료가 배포되고 담당자는 성과 평가를 받으면서 정작 추진해야 할 일들은 '소걸음'으로 나아갈 것 같다

지금 이 시간에도 '살려달라', '살고 싶다', '그저 들어달라'고 절규하는 아이들이 학생 모바일 상담센터에 차고 넘친다. 청소년 상담복지센터는 몇 달씩 상담이 밀려 있다. 10대, 20대를 가리지 않고 스스

로 병원을 찾는 아이들, 개강한 지 며칠만 지나도 출석을 거부하는 아이들의 소식은 이제는 너무 진부한 옛이야기가 되었다.

어쩌면 아이들은 이토록 느린 반응의 국가와 사회, 지도자들의 무관심에 절망하여 스스로 삶을 포기하는지도 모른다. 중요한 것은 '지금 당장' 해야 한다는 것이다.

누군가 우리 아이들을 정말 살리고 싶다면, 그가 할 일은 '교육 정책 대전환'이다.

무기력

2.7

'움직여 봤자 소용없어.'
'애써봤자 변하지 않아.'
'그냥 이렇게 있는 게 나아….'

1967년 심리학자 마틴 셀리그만은 개들이 도망칠 수 없는 환경을 만들고 반복적으로 전기 자극을 주는 실험을 했다. 처음에는 발버둥치던 개들은 결국 도망칠 수 없다는 것을 '학습'한 뒤에는 아무런 반응도 하지 않게 되었다. 이번에는 전기 자극을 피해 도망칠 수 있는 환경으로 옮겨 실험을 계속했다. 움직일 수 있는 환경이 되었음에도 개들은 움직이지 않았다. 움직일 수 있었는데도 움직이지 않았던 이 현상을 '학습된 무기력(Learned Helplessness)'이라고 한다.

아이들 또한 어떤 과정을 거치면서 어느 순간 자신도 모르게 이러한 현상과 비슷해지는 것은 아닐까? 반복되는 실패, 외로움, 상처, 비난… 쌓이고 쌓여가지만 아무도 관심 가져주지 않고 혼자서는 해결 방법을 찾지 못하겠다고 느낄 때, 스스로 무력감을 익히고 적응하며 그것을 키우게 된다. 생각과 감정은 무뎌지고 행동은 멈추게 되는 것이다.

아이들은 마음이 아파도 아프다고 솔직하게 말하지 못하는 경우가 많다. 그것을 드러낼 경우 가져올 후폭풍을 잘 알고 있기 때문이다. 일부는 선생님께 상담을 한 것을 후회할 정도로 일이 커지거나, 선생님의 행동이 본의와 상관없이 아이에게 다른 형태의 낙인과 배제가 되어 움츠러들게 되는 경우도 있다. 어떤 부모는 아이의 호소에 '엄살'과 '나약함', '게으름'을 탓하는 질책과 비난으로 반응하여 아이의 상처를 더 키우기도 한다. 때로는 친구들에게 털어놓고 이야기하는 것도 마찬가지로 두렵다. 도움보다는 따돌림을 자초하는 경우가 될 수도 있기 때문이다. 아이의 고백이나 호소가 놀림과 배제가 되어 아이가 코너로 몰리는 상황이 되기도 한다.

이해받을 것에 대한 확신이 없기 때문에 아이들은 속마음을 드러내지 않는다. 자신의 마음을 이야기했다가 무시당하거나 비웃음을 받았던 기억이나 두려움이 있기에 어느 누구에게도 솔직한 마음을 열 수 없는 것이다. '말해봤자 소용없다'는 절망감은 고립을 심화시키고, 결국은 아무것도 할 수 없는 무기력의 늪으로 빠져들게 된다.

주변을 둘러싼 가장 가까워야 할 사람들과의 관계가 두려울 때, 아이들 옆에 반려의 역할을 하는 무언가라도 있으면 큰 위안과 위로가 된다. 개, 고양이, 토끼, 도마뱀, 이구아나, 사슴벌레, 앵무새, 금붕어…. 종류를 불문하고 아이들이 좋아하고 아끼며 교감하고 싶은 모든 살아 있는 생명체는 아이들과 더불어 살아가는 반려동물이 될 수 있다. 심지어 돌, 식물, 로봇 등도 아이들의 훌륭한 반려 동반자, 친구가 될 수 있다. 반려적 역할을 하는 이러한 존재들은 아이들의 정서적 안정과 심리적 위로에 큰 역할을 한다.

학교와 지역 사회 기관 시설에서도 아이들의 무기력을 해소하기 위한 접근이 기존의 프로그램 연장이나 행사 개최, 이를 위한 행정의 연장선상에 머물러서는 안 된다. 아이들의 상황과 처지에 맞춰서 작게라도 시작할 수 있도록 기획할 필요가 있다. 언제나 예산은 없고 전문 인력은 부족하다는 일선 현장의 현실은 이번에도 반복될 것이다. 그러나 반려동물, 반려식물 등의 도움을 받아서라도 무력감에서 헤어나오지 못하는 아이들의 감정과 정서를 움직이게 해야 할 만큼 아이들은 절박하다. 더 중요한 것은 이러한 다양한 준비와 시도가 현실화된다면, 조금씩 무기력화되어 가던 또 다른 아이들이 더 깊은 동굴 안으로 들어가기 전에 전환될 수도 있다는 것이다.

무시해도 되는 무기력은 없다. 아무것도 아닌 우울감은 없다. 아이들에게 무기력이 학습되면 자신은 어쩔 수 없는 사람이 되었다고 여기고, 그래서 미래는 암담하고 우울할 수밖에 없다고 받아들인다. 청소년 시기에 무기력을 학습한다는 것은 가장 나쁜 배움이자 경험이다. 무기력은 희망의 상실을 의미하기 때문이다.

소리 없는 폭력

2.8

"엄마, 오늘 못 들어가서 미안해."

아빠한테도, 누나한테도 미안해.

가족들이 이 종이를 볼 때쯤이면 내가 죽고 나서일 거야.

미안하다고 직접 말로 전해주지 못해 너무 미안해.

아마 내가 죽으면 가족들이 제일 힘들어하겠지.

엄마, 아빠, 누나, 내가 이렇게 못나서 미안해.

공부도 못한 이 막내 ○○이가 먼저 죽어서 미안하고,

나는 정말 이렇게 살아갈 날이 많이 남아 있고,

또 미래가 이렇게 많은데 먼저 죽어서 미안해.

그리고 내가 죽는 이유를 지금부터 말할게요.

(중략)

마지막으로 가족에게 집에서 말고 옥상에서 불편하게 이렇게 적으면서 눈물이 고여.

하지만 사랑해.

나 목말라. 마지막까지 투정 부려 미안한데 물 좀 줘.

2013년 3월, 반복되는 학교 폭력에 시달리다가 스스로 생을 마감한 최모 군의 유서가 공개되었다. 유서를 접한 사람들은 꽃다운 나이의 고등학생이 말 못 하고 겪었을 고통을 떠올리며 안타까워했다. 극단적인 선택을 하기까지의 과정을 절절히 표현한 최 군의 유서 앞에서 국민들은 슬픔과 분노 속에서 다시는 폭력으로 희생당하는 아이들이 없는 학교와 사회가 되어야 한다고 요구했다.

코로나19로 인해 비대면 수업이 진행되면 학교 폭력과 따돌림이 줄어들 것이라고 생각했던 것은 착각이었다. 답답함과 무료함, 불안과 외로움이 혼재하는 혼란의 시간이 예상보다 오랫동안 진행되면서 아이들 간의 집단에서 가상 공간의 특정한 아이를 집단적으로 따돌리거나 집요하게 괴롭히는 '사이버 불링'이 계속되었다.

사이버 불링을 가하는 아이들은 자신들의 행동에 대한 문제의식이 거의 없다. 통계에 따르면 고등학생의 경우 절반 가까이가 사이버 불링을 특별한 잘못이라고 생각하지 않는 것으로 나타나 충격을 주고 있다. 그러나 SNS, 메신저, 커뮤니티 사이트 등 아이들이 이용하는 사이버 공간에서 행해지는 사이버 불링은 피해 당사자에게 형언할 수 없는 고통을 주어 정신적·육체적 상처를 남기고 있다.

가해 집단의 아이들은 물리적 대면 폭력이 아니기에 죄의식이 덜하다. 그러나 폭력의 결과는 똑같다. 최근에는 고학년으로 올라갈수록 심각해지는 양상을 띠며, 초등학생 사이에서도 심각한 사이버 폭력 사례들이 보도되면서 사이버 불링에 참여하는 아이들의 연령이 낮아지는 것도 안타까운 특징이다.

2018년에는 카카오스토리에서 '멤버 놀이'를 하던 10대 가해자들의 사이버 불링에 의해 17세 학생이 20층에서 투신 자살하는 사건이 발생했다. 피해 학생은 가해자들로부터 '우리에게 사과해야 하는 어떤 사람이 사과하지 않으니 네가 대신 사과하라'는 요구를 받았고, 그 요구를 거절하면서부터 사이버 불링이 시작되었다고 한다. 가해한 아이들은 카카오스토리에서 욕설과 '패드립'은 물론이고 찾아가 죽이겠다는 협박과 함께 피해 학생이 자살하기 두 시간 전까지도 사진을 올리며 신상을 털었다.

감수성이 예민한 청소년부터 유명인들조차 악플에 상처받고 극단적인 선택을 하거나 경찰에 신고를 하기도 한다. 그만큼 사이버 불링에 의한 폭력의 힘은 크다.

2024년 초·중·고등학교 학교 폭력 전수 실태 조사에서 초·중·고 학생 100명 중 2명이 학교 폭력에 '시달리는 것'으로 조사되었다. 2013년 첫 조사 이후 두 번째로 많은 수치이다. 사이버 폭력의 피해는 더 늘었다. 학교 폭력 신고 건수는 조사 기간 현재 6만 1,445건으로 전년보다 6% 증가했다. 언어 폭력(39.4%), 신체 폭력, 집단 따돌림(각 15.5%), 사이버 폭력(7.4%) 등이 대표적인 피해 유형이다.

(한겨레신문 2024. 9. 24)

교육부는 관계 부처, 시·도 교육청, 민간과 협력하여 인터넷, 스마트폰의 올바른 사용 교육을 강화하고, 사이버 폭력 예방을 위한 교육 활동과 캠페인도 적극적으로 추진하며 학교 폭력 예방 프로그램을 확대하고 교사 연수를 추진할 것이라고 발표했다. 그러나 교사와 전문가, 학부모들이 총론적이고 실효성 없는 방안이라고 평가하며 전면적인 수정을 요구하는 내용들이 다시 '도돌이표'가 되어 반복되고 있다.

학교가 문제

"공부 안 하면 평생 고생한다."

"공부만 잘하면 돼."

"지금 조금만 고생하면 나중에 편하게 살 수 있어."

"좋은 대학 가면 다 해결돼."

사람을 키우고 살려야 할 교육이 사람을 해치고 죽이는 도구가 되고 있다. 끝없는 경쟁을 강요하고 먼 미래의 보상을 미끼로 365일 경주마처럼 달리고 있다. 모국어도 제대로 모르는 아이들이 외국어를 더 잘하게 되고, 우주 과학자들도 풀기 어려워하는 수학 문제 풀이에 아이들은 신음하고 있다. 도대체 왜 이렇게까지 해야 하는지 아무도 해답을 주지 않지만, 누구도 지옥의 레이스에서 먼저 내리려고 하지 않는다.

시험지에는 풀지 못할 문제들로 가득 차서 아이들에게 좌절을 안겨 주는 것이 교육의 목표가 되었다. 아이들이 쓰고, 말하고, 듣고,

토론하면서 '인간으로서의 사고, 감정, 인격을 발전시키고, 더 행복한 삶을 살도록 돕는 과정'은 옛이야기가 되었다. 자기 주도적인 삶을 위한 역량 강화는 시험 주도적인 삶을 위한 문제집 풀이로 대체되었다.

　우리는 '교육'이라는 이름의 '헬조선'을 만들어 놓고 그 안에서 아이들을 더 아프게 하고 상처 주며 끝내 죽이고 있는 것은 아닌지 다시 되돌아봐야 한다. 경쟁의 끝은 시기와 질투, 미움이다. 협력의 끝은 회복과 성장, 공존이다. 오늘 이 많은 아이들이 자신의 재능과 잠재력을 발휘하지 못하고 마음의 병을 얻어 신음하고 있는 것은 경쟁이라는 틀로 몰아넣은 어른들 때문이다. 교육은 행복한 사람으로 성장시키는 데 기여해야 한다. 교육의 목표는 점수와 등급이 아니라 아이들의 '마음 건강'이 되어야 한다.

　결국 '학교'가 문제다. 교육이 이루어지는 그곳, 아이들이 또래 친구들을 만나고, 동생들과 형, 누나들을 만나는 곳. 인생 선배인 선생님들을 만나 세상을 살아가는 지식과 정보를 습득하는 곳. 학교는 다시 평생의 친구를 만나고 함께 삶을 배우는 곳이 될 수 있을까?

　아이들이 가장 많이 피해를 받는 공간은 교실이었다. 아이들이 가장 많이 좌절하고 가장 많이 슬퍼하며 가장 많이 힘들어하는 곳도 교실이었다. 그곳에는 이미 우정도, 희망도, 기쁨도 없다. 1등과 우등생만이 존재하며, 아이들의 눈으로도 확인되는 서로의 격차를 확인하는 비정한 현실 세계의 축소판이다.

교육은 새로워져야 한다.

학교는 바뀌어야 한다.

아이들의 교실은 행복해야 한다.

선생님은 행정 서류 대신 아이들의 눈을 마주 봐야 한다. 연간 수천 건의 서류 작업은 결국 선생님을 공무원으로 만들 뿐이다. 행정 서류 안에는 아이들이 없다. 담임은 결정할 수 있어야 하고 책임질 줄 알아야 한다. 학부모를 설득할 수 있고 아이들을 중재할 수 있는 진정한 교육의 힘을 기르고 갖춰야 한다. 선생님은 아이들이 믿고 따르는 리더여야 한다.

부모는 아이가 만나는 첫 번째 리더이자 마지막 스승이다. 부모도 성장해야 한다. 부모의 성장은 기다림을 양분으로 자라난다. 부모는 함께하는 교육의 동역자이다.

이제 우리 사회가 진정한 선진국으로 진입할 때가 되었다. 선진국을 나누는 많은 기준 중 청소년과 청년들이 느끼는 삶의 질, 행복감에 대한 지표가 상위에 있기를 바란다. 나 자신을 사랑할 줄 알며, 타인과 소통하는 법을 배우고, 타인의 감정에 공감하려고 노력하는 태도와 자세를 학교와 선생님, 부모님에게서 배울 때 아이들은 행복할 것이다. 그때서야 비로소 우리나라는 살기 좋은 나라라고 크게 소리 내어 말할 수 있을 것이다.

2.10

프랑스 정부가 청소년 문제를 '국가적 대의'로 선포할 만큼 청소년들의 상황이 우리나라에만 국한된 문제는 아니다. 전 세계적으로 부익부 빈익빈 현상이 심화되고, 치열한 경쟁과 컴퓨터, 스마트폰이 일상화되면서 디지털 미디어의 심각한 부작용이 청소년들의 의식과 일상을 지배하게 되었다. 게다가 코로나19 팬데믹과 같은 전 지구적 단절 현상은 개인과 집단을 고립시키고 청소년들의 고립 및 은둔 문제를 심화시켰다.

프랑스

2017년 대통령 선거에서 에마뉘엘 마크롱 대통령 후보는 18세 대상의 문화권 보장을 위한 문화 패스(Pass Culture)를 제시했다. 당시 164,000명의 18세 청년들이 문화 패스를 신청했고, 이제는 15세에서 18세까지로 확대 운영하기 시작했다. 문화생활의 완전한 참여가 곧 시민의 권리 보장이라는 인식 아래, 청소년들의 문화생활 접근에 있어 가장 큰 제약 조건인 비용 문제를 해결하기 위한 정책이다. 청소년도 일반 시민과 동등하게 문화 접근이 이루어져야 한다고 보고 이를 보장해 주는 것이 국가의 의무라고 여기는 것이다.

2023년 6월 27일, 파리 북서부 외곽의 낭테르에서 '나엘'이라는 이름의 알제리계 17세 청소년이 경찰 총에 맞는 사건이 발생했다. 낭테르에서 시작된 반정부 시위는 곧 폭력, 소요 사태로 비화하여 프랑스 전역으로 확산되었다. 이는 2005년 부나 트라오레(15세)와 지에드 베나(17세) 두 청소년의 죽음에 이은 전국적 폭력 소요 사태였다. 아프리카와 중동 노동 이민 2세대에 대한 열악한 주거, 교육, 노동 환경이 슬럼화되면서 사회, 학교, 국가에 대한 거부감과 분노의 결과로 해석된다. 2021년 기준 700만 명으로 전체 인구의 10.4%에 달하는 이주민들에 대한 사회적·종교적 편견과 차별로 희망을 잃어버린 청소년과 청년들의 심리적 박탈감과 절망감이 개선되지 않는다면, 프랑스 국가 차원에서 감당해야 할 사회적 부담으로 자리 잡을 전망이다.

프랑스 청소년 문제는 경제난, 도시 환경, 인종 소외, 범죄 증가 등으로 어느 나라나 마찬가지로 복잡하게 얽혀 있다. 이러한 심각성을 반영하듯, 2024년 프랑스 정부는 15세 미만 청소년의 SNS 이용을 부모 동의와 관계없이 전면 금지하는 법안을 시행하고 있다. SNS 기업이 이를 위반할 시에는 세계 매출의 최대 1%의 벌금이 부과되며, 13세 미만의 청소년에게는 스마트폰 사용을 전면 금지하는 등 이어지는 청소년 흉기 사건, SNS에서의 폭력성 확산, 날로 증가하는 정신 건강 문제를 해결하기 위한 특단의 조치를 추진 중이다.

실효성에 대한 문제부터 다양한 이유로 문제를 제기하는 여론도 있으나, 프랑스의 강력한 조치가 향후 EU 국가들과 전 세계 국가들의 청소년 정책에 영향을 미칠 것은 확실하다.

호주

호주는 2025년 12월부터 16세 미만의 청소년이 SNS 계정을 개설하는 것을 전면 금지하는 법안을 통과시켰다. 이 법안에 따르면 16세 미만의 청소년은 부모의 동의를 받더라도 SNS 계정을 만들 수 없으며, 16세 미만 청소년의 소셜 미디어 사용을 막지 못한 경우 최대 5천만 호주 달러(한화 약 446억 원)의 벌금이 부과된다. 유튜브, 인스타그램, 틱톡, X 등이 그 대상이 된다. 이뿐만 아니라 소셜 미디어에 폭력, 무기 등 범죄 영상을 올리면 최대 2년의 징역형에 처하게 된다.

다른 나라들과 다를 바 없이 청소년들의 자살, 테러 등 다양한 사회 문제를 경험한 호주 정부는 청소년들의 미디어 과몰입과 중독 현상에 대응한 강력한 조치를 마련했다. SNS의 과도한 사용이 청소년들의 정신 건강에 미치는 악영향을 막기 위한 목적이다. 일각의 반대에도 불구하고 여론 조사에 따르면 호주 전체 인구의 77%가 이 법을 지지한다고 답했다.

독일

독일은 최근 촉법소년 범죄가 사회적 문제로 떠오르고 있다. 최근에도 초등학생이 동급생에게 흉기를 휘두르는 사건이 잇따라 발생하고 있는데, 현지 언론 보도에 따르면 2025년 5월 22일 독일 베를린의 한 초등학교에서 이 학교 6학년인 13세 소년이 12세 동급생을 흉기로 찌르고 달아난 사건이 발생했다. 같은 날 독일 북서부 노르트라인베스트팔렌주에서도 11세 소년이 13세 피해자를 흉기로 찌른 사건이 발생했다.

2023년에는 12, 13세 두 명의 소녀가 같은 동네 13세 소녀를 흉기로 살해하여 독일 사회가 충격에 빠지기도 했다. 독일 경찰 통계에 따르면 2023년 범죄를 저지른 14세 미만 아동은 10만 4천 명으로 2019년에 비해 4년 만에 43%가 늘어났다. 현재의 독일 형사 처벌 연령은 바이마르 공화국 시절인 1923년에 정해졌는데, 최근에는 청소년의 성장 속도와 사회 환경 변화를 반영하여 촉법 소년 연령을 12세 미만으로 낮추자는 주장이 나오고 있는 실정이다. (연합뉴스 2025. 5. 23)

일본

일본에서는 6개월 이상 외부 활동을 하지 않고 자기 방에만 틀어박혀 지내는 청소년이나 청년들을 히키코모리(ひきこもり)라고 지칭한다. 1990년대 후반부터 '히키코모리'라는 단어가 공식적으로 사용되면서 사회적 관심사로 떠올랐고, 100만 명 이상으로 추산된다. 일본의 히키코모리는 스스로 '셀프 고립'을 선택하는 경향이 있으며, 지금은 중년층으로 성장한 그들의 대다수가 그대로 집 안에 있으면서 아무런 대안 없이 사회적 활동을 하지 않고 있는 것이다. 게다가 이들을 보호하는 부모 세대 또한 80대에 이르면서 부모 세대 사망 이후가 문제로 대두되고 있는 실정이다.

일본 정부는 이러한 문제를 사회적 현상으로 인식하고, 상담 지원, 자립 지원 프로그램, 가족 지원 등을 통해 재사회화를 위한 다양한 시도를 하고 있다. 일본에서는 특히 지역 사회 기반의 지원 센터와 지역 NPO(비영리단체)의 역할이 강조되며 실제적 역할을 수행하고 있다.

영국

1990년대 영국에서 시작된 경제 불황과 고용 시장의 경직성, 높은 청년 실업률이 원인이 되어 니트족(NEET) 문제가 떠올랐다. 이후 일본 등으로 확산되면서 세계 각국의 청년 문제의 핵심적 과제로 자리 잡게 되었다. 청년층이 교육, 고용, 직업 훈련에 모두 참여하지 않는 현상으로, 사회적·경제적 불안정성은 물론 국가적 손실로 이어지는 점에서 심각하게 다루어지고 있다.

'Not in Education, Employment, or Training'의 약자인 니트(NEET)족은 교육, 고용, 훈련 어느 곳에도 속하지 않는 15세에서 34세까지의 청소년 및 청년을 의미한다. 일할 의지와 일을 구할 의지마저 상실한 이들은 자연스럽게 사회적 고립으로 이어질 가능성이 높을 뿐만 아니라, 경제적 어려움과 미래에 대한 불확실성까지 포함하기에 국가적으로는 매우 중요한 과제이다. '프리터족'의 경우는 아르바이트로 자신의 경제 활동을 스스로 영위한다는 점에서 분명히 구별된다. 영국 정부는 이들을 위한 직업 훈련 프로그램, 멘토링, 상담 등을 중앙 정부와 지자체에서 제공하며 사회로의 진입을 돕고 있다.

또한 영국의 경우 2017년을 기준으로 총 61,123명이 원인 불명의 이유로 학업을 중단했는데, 이는 전체 중등학생의 10.1%에 달했다. 16~18세 니트족의 경우 2016년부터 다시 증가 추세에 있는 것으로 나타났다. 영국은 국가적 차원에서 학령기 학교 밖 청소년을 추적 및 관리하고 있으며, 의무 학령기가 지난 이후에도 교육이나 직업 훈련 등을 통해 배움을 지속할 것을 의무화하고 있다.

영국 정부는 학교 밖 청소년이나 니트족이 될 위험성이 높은 경제적 빈곤층, 취약 계층에 초점을 맞춘 재정 지원과 직무 연수 기회를 제공하고 있다.

3장

아이들의 마음,
사회의 책임을 묻다

"다시는 그러지 마."

"뭘 하지 말라는 거죠?"

"외롭다는 이유로 너에게 약간이라도 관심을 보이는 아무에게나 기대거나 네 자신을 맡기면 안 돼. 외로움은 인간의 조건이야. 그 누구도 너의 빈자리를 채워 줄 수는 없어. 네가 할 수 있는 최선은 스스로 네 자신을 알고 네가 진짜로 원하는 것을 알고, 그리고 쓸데없는 것들에 마음을 휘둘리지 않는 거야."

2002년 개봉했던 영화 〈화이트 올랜더(White Oleander)〉는 한 소녀의 성장과 자아 발견을 다룬 드라마다. 이 영화에서 엄마인 잉그리드와 딸 애스트리드의 대화는 외로움의 본질과 사람의 성장에 대한 의미를 생각하게 한다.

영국 BBC 방송이 영국 대학교 3곳의 학자들과 전 세계 5만 5천 명을 대상으로 외로움에 대한 온라인 설문 조사를 진행했다. 그 결과, 75세 이상 노인은 27%만이 자주 외로움을 느낀다고 답변한 것에 비해, 16~24세 청년층은 40%가 자주 외로움을 느낀다고 답했다. 노인보다 청년들이 외로움을 더 자주 느낀다는 것이다.

시험, 진급, 졸업, 진학, 취업, 군 복무, 여행…, 청소년에서 청년으로 이동하는 시기는 익숙하지 않은 새로운 환경에 적응해야 하는 시기다. 새로운 환경, 새로운 사람, 새로운 문화를 스스로 판단하고 도전하는 시기이다. 결국 청소년과 청년들은 숱한 고민과 번민 끝에 때로는 방황을 거듭하며 스스로 결정하고 나아가야 한다.

외로움은 인간에게 주어진 피할 수 없는 조건이다. 어쩌면 피할 수 없는 인간의 본질이기도 하다. 그리고 아이들이 그 안에서 스스로의 방향을 찾는 것이야말로 진정한 자아의 발견이며 성장의 길이다.

외롭다고 느끼기에 친구를 찾는다. 외로움을 느껴야 다른 이들과 함께해야 할 이유를 받아들인다. 이해관계만이 아니더라도 협력하고 협동해야 하는 동기는 외로움에서도 찾을 수 있다. 외로움은 새로움을 추구하는 원동력이 되기도 한다.

외로움을 느낄 줄 알기에 다른 사람에게 공감할 줄 알고 사회적 고통에 반응하게 된다. 외로움을 나와 함께 커가는 내 안의 친구로 만날 때, 나와 함께 살아가는 나의 반려로 받아들일 때 다른 사람의 외로움이 보이고 그것을 이해하게 된다.

2018년 영국 정부가 외로움 장관(Minister for Loneliness) 직을 신설한 데 이어, 일본도 2021년 고독·고립 담당 장관을 임명하고 총리 관저 내각관방에 고독·고립 대책실을 출범시켰다. 외로움을 자양분으로 스스로 커 나가는 성장의 길로 가는 사람들도 있는 반면, 외로움이 고독과 고립으로 심화되면서 서서히 기울어져 가는 나무처럼 그 뿌리까지 드러내는 사람들이 확산되고 있기 때문이다.

2023년 12월 8일~11일 한국리서치에서 전국 만 18세 이상 남녀 1,000명을 대상으로 외로움에 대한 우리 국민의 실태와 인식을 조사했다. 응답자의 50%가 외로움 문제를 해결하기 위해 우리나라에서도 정부가 나서는 것이 필요하다고 응답했다.

2018년 한국리서치에서 진행했던 동일한 조사 때의 응답보다 10% 증가한 수치다.

중독

중독은 몰입과 다르다. 중독은 환경적 요인이나 유전적 요인에 의해 특정 물질이나 행위에 장기간 탐닉하며 정신적, 신체적, 행동적 의존 상태에 이르는 것을 말한다. 과거에는 주로 음주, 흡연, 약물 중독을 가리켰으나, 최근에는 도박, 스마트폰, 게임, 쇼핑, 운동 등 '행위 중독'까지 그 대상이 되고 있다. 특히 스마트폰을 통한 인터넷 접근이 더욱 용이해지면서 청소년 관련 문제가 폭발적으로 증가하는 추세이다.

흡연

청소년들이 부정적인 문제에 접근할 때 가장 먼저 접하는 것 중 하나가 흡연이다. 2024년 질병관리청 통계에 따르면 청소년의 현재 흡연율은 3.6%이며, 그중 남학생은 4.8%, 여학생은 2.4%로 조사되었다. 액상형 전자담배 사용률은 전체 3.0%, 궐련형 전자담배 사용률은 1.9%로 나타났다. 친구들과 어울리기 위한 동기부터 가정 환경, 우울감, 학교 성적 등의 이유로 흡연을 시작하는 경우가 많다. 청소년 흡연율은 2011년 조사 이후 꾸준히 감소하고 있으나, 2021년 이후 남학생은 정체되고 여학생은 증가 추세이다. (보건복지부 국민건강영양조사 2023)

음주

알코올 의존 환자를 대상으로 첫 음주 시기를 조사하면 상당수가 그 시작 시기가 10대인 것을 알 수 있다. 흡연과 마찬가지로 청소년기의 음주는 뇌 기능 저하에 치명적이다. 일반적으로 뇌 신경세포는 16세경에 완성되는 것으로 알려져 있다. 이 무렵부터 정기적인 음주를 하게 되면 뇌세포가 손상되기 쉽고, 이는 뇌 기능의 쇠퇴로 이어진다. 게다가 청소년기에 과음이나 폭음을 반복하면 술에 대한 갈망을 갖게 되면서 정서적인 문제를 낳을 수 있다. 청소년들이 처음 음주를 경험한 평균 연령은 13.3세였고, 현재 자신을 음주자라고 응답한 남학생은 18.7%, 여학생은 14.9%로 나타났다. (보건복지부 국민건강영양조사 2023) 음주 경험이 있다는 답변은 33.5%에 달했다. (여성가족부 실태조사)

참고로, 19세 이상 일반 국민의 경우 월간 음주율은 보건복지부 조사 결과 58.9%로 나타났다.

도박

'한 번도 안 해 본 아이는 있을지언정, 한 번만 하는 아이는 없다.' 청소년들의 도박 중독과 이로 인한 빚 등이 사회 문제로 떠오르고 있다. 특히 코로나19 팬데믹을 겪으며 온라인 활동이 집중되면서, 청소년들이 게임하듯 도박에 빠져 중독되는 사례가 빈번해지고 있다. 2023년 형사 입건된 도박 혐의 소년범은 171명으로 전년 대비 2.3배 증가했다. 평균 연령은 16.1세로 최근 5년간 꾸준히 낮아지는 추세를 보이고 있어, 도박 범죄가 더욱 어린 연령층으로 확산되고 있음을 알 수 있었다. 특히 범죄에 이용된 도구가 개인용 컴퓨터와 스마트폰을 이용한 불법 도박이 대부분이어서, 향후에도 스마트폰을 이용한 청소년 범죄가 계속 확산될 우려가 있다.

2021년 1,242명의 청소년이 도박 중독으로 진료를 받았다. (건강보험심사평가원 2022) 이 수치는 5년 전에 비해 3배 증가한 것이다. 전문가들은 더 이상 감당할 수 없을 때가 되어서야 진료를 받는 청소년들의 특성상, 실제 치료를 받아야 할 대상은 이보다 훨씬 많을 것으로 예상한다. 실제로 전국 초·중·고 학생 18,444명을 대상으로 한 불법 도박 피해 조사에서 8.8%인 4,392명이 '자살을 생각한 경험이 있다'고 답했디. 학교생활과 친구 관게에서 돈이 큰 비중을 차지하는 지금의 청소년들에게 도박은 일종의 돈을 버는 수단이 되었다.

스마트폰

스마트폰의 사용이 일상화되면서 스마트폰 중독이 신체적, 정신적 문제로 개인의 문제를 넘어 사회적, 국가적 문제가 된다는 것은 이미 알려진 사실이다. 2024년 과학기술정보통신부 조사에 따르면 우리나라 스마트폰 이용자 5명 중 1명(22.9%)이 과의존 위험군에 속하며, 10세에서 19세까지의 청소년 42.6%는 스마트폰 과의존 위험 상태로 분류되었다. 문제는 단순한 스마트폰 사용 시간이 아니라, 이러한 과의존 상태의 지속이 일상 기능 저하는 물론 정신 건강 위기, 나아가 사회적 고립을 초래할 수 있다는 것이다.

2025년 6월 20일 중독 포럼 세미나에서 10대~50대 국민 500명을 대상으로 조사한 자료에 따르면, 응답자의 64.4%가 '스스로 사용을 조절하는 것에 어려움을 겪는다'고 답했으며, 문제 해결의 주체로 '개인의 노력'(92.6%), '가정'(76.0%), '정부'(69.0%), '기업'(67.0%)에도 책임이 있다고 답했다. 이러한 인식은 '교내 스마트폰 사용 제한'(78.4%), '기업의 연령 확인 절차 강화'(77.4%), '알고리즘 추천 서비스 규제'(76.4%) 등 대부분의 규제 정책에 70% 넘게 찬성하는 결과로 이어졌다. 또한 디지털 미디어 중독 문제를 정신 건강 문제로 다뤄야 한다는 의견에 61.2%가 '적절하다'고 응답했다. (헬스경향 2025. 6. 20)

수많은 연구와 사례는 스마트폰 중독이 SNS, 도박, 게임 중독으로 이어진다는 것을 보여주고 있다.

마약

2024년 수도권 대학생 2,000명이 가입한 연합 동아리 '깐부'에서 필로폰과 대마초 등 다양한 마약류를 유통하다 적발된 사건은 우리 사회 전반에 심각한 문제로 확산되고 있음을 보여준다. 2023년 강남 학원가를 중심으로 발생했던 마약 음료 사건 또한 충격을 준 바 있다. 생일 선물로 텔레그램에서 필로폰과 합성 대마를 구입하는 것은 더 이상 새로운 뉴스가 아닐 수 있다. 대검찰청이 발표한 2024년 마약류 범죄 백서에 따르면, 2015년 단 30명에 불과했던 10대 청소년 마약 사범은 2023년 1,477명으로 12배 이상 증가했다. 20대 마약 사범의 경우는 8,368명(30.3%)으로 가장 높은 비율을 차지한다.

최근 10년 새 20대 마약 사범은 24배 증가했고, 10대 사범 또한 증가세를 보이고 있다. 전문가들은 마약 범죄의 특성상 수면 아래에 숨겨진 중독자 규모가 훨씬 클 것이라고 단언한다. 2024년 적발된 마약 사범 23,022명의 28배인 644,616명이 실제 마약 범죄자로 분류되어야 할 숫자라는 것이다.

SNS와 익명 거래 애플리케이션 등을 통해 청소년, 청년들이 마약에 접근하는 경로는 더욱 위험하게 커졌다. 문자 한 통이면 30분 만에 마약이 배달되고, 청소년과 청년들이 마약에 너무 쉽게 빠질 수밖에 없는 환경이 사회적 위기를 초래할 것임은 자명하다.

청소년과 청년들에게 큰 영향을 주는 방송, 문화는 물론이고 초등학교부터 대학교에 이르기까지 체계화된 마약 예방 교육이 진행되어야 한다. 우리나라 마약 사범의 30.3%가 20대라는 현실 앞에서 교육 당국과 국가는 심각한 문제의식으로 전면적인 예방 교육을 펼쳐야 한다. 호기심에서 시작되어 삶을 파괴하는 약물 및 마약 문제는 개인의 문제가 아니다. 개인과 가족, 공동체, 사회 전체를 파괴하기에 국가적 차원에서 이의 근본적인 문제 해결을 위한 대책이 구체적으로 제시되어 전면적으로 시행되어야 한다.

카페인 중독

"커피를 안 마시면 오후 수업까지 버티지 못할 것 같아요."
"하루에 3~4잔을 안 마시면 공부할 수 없어요."
"친구들도 전부 커피를 마시니까 안 마실 수 없어요."

밤은 물론 아침부터 하루 동안 몇 잔씩 카페인 음료를 마시는 아이들이 늘고 있다. 학원 근처에는 카페가 밀집해 있고, 편의점에는 커피, 커피 음료, 커피 우유, 에너지 음료가 가득하다. 최근에는 고카페인 함량을 담은 젤리, 캔디, 껌까지 판매되고 있다. 이는 초등학교부터 입시 열차에 탑승하여 잠과의 전쟁을 벌이고 있는 청소년들의 이야기이다.

2025년 질병관리청 조사 결과에 따르면, 주 3회 이상 고카페인 음료를 섭취하는 중·고등학생 비율은 지난해 23.5%로 나타났다.

     마음 출구를 묻다 | 황인국

2017년 8%에서 지속적으로 상승하는 추세다. 전문가들은 카페인을 과다 섭취하면 철분과 칼슘의 흡수를 방해하여 성장 저하를 유발하고, 개인차가 있지만 성장기 청소년들의 경우 카페인을 과다하게 섭취할 시 불안, 초조 등 부정적인 감정을 부추기며 카페인 중독으로 이어질 수 있다고 말한다. 게다가 아직 발달 중인 뇌 신경 회로가 과활성화되어 뇌 건강에도 영향을 미칠 수 있다고 경고한다.

카페인 중독은 잠자지 않고 공부해야 하는 현실에서 아이들이 선택할 수 있는 마지막 도피처인 셈이다. 초등학교부터 카페인의 힘을 빌려 잠을 쫓고 공부하는 것이 습관이 된 아이들이 하루 몇 잔의 아이스 아메리카노를 마셔야만 업무와 일상생활을 지속할 수 있는 20대, 그리고 직장인으로 성장하는 것은 자명한 이치다.

카페인을 중단하면 피로감, 우울감 등의 금단 증상이 생겨 또다시 카페인을 찾게 되는 악순환은 우리 사회를 '피로 사회'로 표현할 수밖에 없는 단면이다.

식품의약품안전처가 밝힌 어린이와 청소년의 카페인 최대 섭취 권장량은 체중 1kg당 2.5mg 이하다. 몸무게 50kg 청소년의 경우 1일 권고량은 125mg 수준이다. 아이스 아메리카노 한 잔에 들어 있는 카페인 함유량은 평균 150mg이다.

마음 근육

3.3

사람은 나이, 연령, 의학적 조건에 따라 차이가 있지만, 일반 성인의 경우 평균 206개의 뼈로 구성되어 있다. 그렇다면 근육은 어떻게 구성되어 있을까? 사람의 근육은 골격근, 평활근, 심장근 등 세 가지 주요 유형으로 구성되며, 각 근육은 근육 섬유로 이루어져 있고 힘줄을 통해 뼈에 연결된다. 이렇게 뼈와 근육이 함께 작동하며 신체의 다양한 움직임을 가능하게 한다.

마음에도 근육이 있다면, 그것은 '생각하는 힘'이다. 하루하루 삶을 감싸며 다가오는 시련과 일상에서 부딪히는 다양한 어려움을 이겨 내는 내면의 힘이다. 크고 작은 좌절감과 역경을 겪으면서 그것을 이겨 내는 의지와 투지를 스스로 만들어 극복해 나가는 역량이다. 타인 및 공동체와의 관계를 형성하고 유지하며, 실수를 통해 최종적인 실패를 예방해 내는 긍정의 힘이기도 하다.

사람을 지탱하는 두 개의 근육, 즉 몸 근육과 마음 근육은 함께 조화로울 때 제대로 힘을 발휘한다. 자신의 감정과 정서를 표현하는 마음 근육은 이러한 감정을 소화하고 감당하는 몸 근육과 연동되어 있다. 그러므로 몸이 건강하지 않은 사람은 마음도 건강하지 않으며, 마음이 건강하지 않은 사람은 결국 몸 건강을 해치게 된다. 몸 근육도 반복과 훈련으로 키워지고 학습되어 한 번 익히면 근육이 기억해 의식하지 않아도 반응하고 작동되듯이, 마음 근육도 반복과 학습으로 단련되어 외부로부터의 자극과 상처를 방어하며 자신이 정한 경로를 따라 성장할 수 있다.

운동선수가 부상을 당하면, 가벼운 부상의 경우 일정 기간의 휴식과 회복을 거친 후 가벼운 운동을 통해 경기에 다시 투입된다. 그러나 부상의 정도가 심할 때는 정밀 진단에 따라 비수술 재활이나 수술을 통한 재활을 선택하게 된다. 오랫동안 운동을 직업적으로 해 온 선수들에게도 재활은 고통스러운 과정이다. 철저한 관리 속에 짧게는 몇 개월에서 1년이 넘도록 수없이 같은 동작을 반복하고 철저한 금욕 생활을 해야만 정상적인 근육 회복이 가능하고 시합에 다시 출전할 수 있기 때문이다.

아이들의 마음 부상도 마찬가지다. 가벼운 상처는 친구들과의 장난이나 수다로 풀리기도 하고, 시간이 지나면서 무뎌지기도 한다. 예상치 못한 좋은 일이 생기면 금방 잊히기도 한다. 쌓이지 않은 상처는 가볍게 털고 지나가는 것이 가능하다. 그러나 마음의 상처가 깊다면 차원이 다른 대응이 필요하다. 마치 운동선수의 비수술 재활처럼,

아직 치명적인 상처가 아니라 이겨 내려는 생각과 의지가 있다면 주변의 도움과 본인의 노력으로 마음의 회복이 가능하다.

　이때는 부모의 이해와 결단이 최우선적으로 필요하다. 당장 눈앞의 성적은 생각하지 말고, 먼 미래까지 복잡하게 생각하는 것은 금물이다. 학원 한 학기쯤 쉬고 방과후에 농구 수업을 가거나, 아이가 좋아하는 K-POP 수업을 들어도 된다. 하고 싶은 게임을 더 많이 하게 할 수도 있다. 시험에 대한 스트레스와 관계의 피로감을 내려놓게 일정 기간 학교 수업을 쉬고 여행을 가거나 개인적인 휴식을 취할 수도 있다. 평소 하고 싶었던 취미 생활도 적극적으로 즐기게 하고 새로운 관심 분야를 경험해도 좋다. 대학 진학과 취업은 아직 시간이 있으니 지금 그것을 염려하는 것은 사치다. 그보다 중요한 것은 아이의 지금 상태이다.

　마음 근육의 손상이 심해 수술이 필요한 선수에게 완전히 다른 차원의 대처가 필요하듯이, 마음의 상처가 깊고 마음 근육의 손실이 큰 아이에게는 완전히 다른 차원의 진단과 처방이 필요하다. 동굴 속으로 들어간 아이를 강제로 꺼내려는 시도는 상황을 더 악화시키는 결과를 낳는다. 부모와 가족은 동굴 밖에서 기다려야 한다. 다른 짐승이 들어가 아이를 더 해치지 않게 경계하며 보호하면서 오랜 시간이 걸릴 수도 있는 재활을 견뎌내야 한다. 이 과정은 부모와 가족이 아이와 함께 겪는 고통과 절망의 시간이 될 수도 있다. 이 시간 동안 서로에게 "왜?"라고 묻지 말아야 한다. 지나간 과정의 실수나 잘못을

　　　　마음 출구를 묻다 | 황인국

들추어내 서로를 원망하고 비난하며 탓하는 것은 상처에 상처만 더하는 것이다. 동굴 속 아이를 두고 가족들이 분열과 반목, 미움과 갈등으로 소모하는 것은 남아 있던 모두의 마음 근육을 상실하게 만들고 아이는 더 깊은 동굴 속으로 들어가게 된다.

부모와 가족의 마음 건강 근육이 유지되어야 그 에너지가 동굴 속 아이에게도 긍정적으로 전달된다. 구성원 모두가 각자의 존재와 역할을 인정하고 위로하며 응원하는 격려와 지지 체계를 의식적으로 만들고 지켜야 한다. 평소의 좋았던 생활 습관과 태도를 유지하는 것이 중요하다. 종교 생활의 지속과 운동, 가벼운 취미 활동은 장기적으로 진행될 과정을 대비하는 좋은 대응이다. 그리고 필요하다면 아이를 포함한 가족 상담 및 전문적인 의료적 지원도 적극적으로 받아서 전문가의 진단과 처방, 조언을 수용하고 실천하는 것이 효과적인 회복의 길이다.

상상하고 싶지 않았던 원치 않는 상황의 발생은 필연적으로 가족 모두에게 감당하기 어려울 만큼의 스트레스를 증가시킨다는 것을 인정해야 한다. 서로의 책임과 역할을 분담해 상황을 나누어 수용하려는 지혜를 발휘해야 한다. 최우선적으로 서로에게 관대해져야 한다. 서로를 이해하고 수용하는 자세가 절대적으로 필요하다. 인내의 긴 터널을 함께 가야 한다는 운명 공동체를 인정하고, 그 과정을 통해 구성원 개개인의 공동 성장을 도모해야 한다. 그러한 수용적이고 긍정적인 관점을 유지해야 아이와 가족 구성원이 다시 세상을 살아갈 각자의 마음 근육이 유지될 수 있다.

아이가 동굴로 들어갈 때, 당사자는 물론 가족과 주변에게는 분명 절체절명의 위기다. 그러나 이 시기를 원망과 슬픔으로만 보낸다면 그 위기는 위험과 불행이 되어 개인과 가족의 형태를 해체하게 된다. 차라리 감사와 긍정의 마음 건강을 단련시키는 계기이자 전환점으로 받아들이는 것이 삶이 가르치는 지혜의 방향이다. 그것을 훈련하고 학습하여 인격적 성장을 이루겠다는 생각의 전환으로 하나씩 돌탑을 쌓듯 나아가는 것이 아이가 일상으로의 복귀를 이루는 길이 될 것이다.

마음 교육

3.4

안타깝게도 마음 근육을 강화하기 위한 '마음 교육'은 모든 청소년에게 균등하게 제공되지 못한다. 학교에서 제공되는 프로그램이 부족하고, 학교 밖에서 지원되는 프로그램에도 때로는 차별의 사각지대가 존재한다. 경제적 불평등, 지역적 편차, 정보 접근성의 차이 등으로 인해 마음 교육의 기회와 질에도 격차가 발생한다.

○ **경제적 차이:** 고가의 심리 상담이나 사설 마음 교육 프로그램은 저소득층 청소년에게는 '그림의 떡'과 같다. 물론 공공 서비스가 존재하지만, 수요에 비해 공급이 턱없이 부족하거나 접근성이 떨어지는 경우가 많다. 경제적으로 어려운 가정의 청소년들은 스트레스 요인이 더 많을 수 있는데도 불구하고, 정작 필요한 지원을 받기 어려운 현실에 놓인다.

○ **지역적 편차:** 수도권이나 대도시에는 청소년 지원 센터, 민간 상담 기관, 문화 시설 등이 잘 갖춰져 있지만, 농어촌 지역이나 소도시

에는 인프라가 확연히 부족하다. 이는 마음 교육 프로그램의 종류와 질에도 차이를 가져와, 지역에 따라 청소년들이 받을 수 있는 지원의 폭이 제한된다.

  ◦ **정보 접근성 부족:** 청소년 본인이나 부모, 가족이 마음 건강 문제에 대한 인식이 부족하거나, 어디에서 어떤 도움을 받을 수 있는지 정보를 얻지 못하는 경우도 많다. 특히 디지털 정보에 취약한 계층이나, 부모와 가족의 낮은 인식과 이해 부족으로 문제 자체를 숨기려는 경향이 있는 경우에는 상황이 더욱 악화될 수 있다.

  ◦ **부족한 시스템:** 일부 학교에서는 마음 건강 문제에 대한 인식이 낮거나, 상담 시스템이 형식적으로 운영되는 경우도 있다. 또한 '문제를 일으키는 아이'로 낙인찍힐까 두려워 도움을 요청하지 못하는 아이들도 있으며, 예산과 전문 인력의 부족으로 마음 교육을 통한 성장의 기회가 모든 아이에게 제공되지 못하는 것이 현실이다.

마음 교육에서의 이러한 결과적 차별은 결국 청소년들의 회복 탄력성에도 영향을 미치고, 건강한 사회 구성원으로 성장할 기회를 불공평하게 만든다. 모든 청소년이 경제적, 지리적, 사회적 배경과 상관없이 양질의 마음 교육과 심리적 지원을 받을 수 있도록 사회적 인프라를 확대하고, 정보 접근성을 높이는 것이 중앙 정부부터 기초 정부에 이르기까지 미래 세대를 위한 중요한 성장 지원 정책이 되어야 한다.

 마음 출구를 묻다 | 황인국

힘들 땐 놀자

3.5

우리 사회는 오랫동안 청소년 시기를 입시 교육에만 몰두하는 것을 당연하게 여겨 왔다. 공부를 위해서는 아파서도 안 되고, 평생 한 번뿐인 수학여행을 빠져서라도 학원 진도를 채워야 하는 것이 미덕이 되었다. 가족 여행을 가서도 숙제를 해야 하는 아이들의 현실은 우스갯소리가 아니라 주변에서 실제로 일어나고 있는 일이다. 학교에서는 체육 수업을 줄이고 가정에서는 휴식을 줄인 결과, 아이들은 '놀이'를 잃어버리게 되었다. '놀이'를 잃는다는 것은 '관계'를 잃는 것이고, '즐거움'을 느끼지 못한다는 것을 의미한다. 이런 과정을 거치며 지쳐버린 아이들의 마음이 아픈 것은 당연하고 자연스러운 결과이지만, 일부 어른들과 사회는 그러한 아이들의 아픔을 이해하거나 인정하지 않는다.

사실 아이들의 마음이 힘들 때 가장 도움이 되는 것 중 하나는 친구들과 노는 것이다. '놀이'는 단순한 오락을 넘어서, 아이들에게 정서적 안정과 사회성 발달, 그리고 스트레스 해소에 지대한 영향을 미치며 몸과 마음을 회복시키는 치유의 힘을 가지고 있기 때문이다. 어른들도 남모를 어려움을 겪을 때 좋은 친구들과 대화하고 어울리며 격려와 지지를 받으면서 '재충전(Refresh)'을 느껴본 적이 있다면, 아이들이 왜 친구들과 놀며 회복의 힘을 얻게 되는지 이해할 수 있을 것이다.

2019년 여성가족부 조사에서 청소년들이 고민을 상담하는 대상 1순위는 '친구'로, 49.1%를 차지했다. 부모는 28.0%, 스스로 해결한다는 답변은 13.8%로 나타났다.

청소년들은 친구들과의 '놀이'를 통해 다음과 같은 회복의 힘을 얻는다.

◦ **스트레스 해소와 정서적 안정:** 놀이는 학업이나 진로 등 일상에서 오는 스트레스를 자연스럽게 해소해 준다. 특히 신체를 사용하는 놀이나 운동은 억압된 감정을 발산하고, 땀 흘리는 즐거움을 통해 긍정적인 감정을 경험하게 한다. 이는 청소년 시기에 필요한 체력 향상은 물론, 우울감과 불안감을 완화하는 좋은 해결책이 된다.

◦ **사회성 및 관계 형성 능력 향상:** 아이들은 친구들과 함께 놀면서 규칙을 배우고, 협동하며, 갈등을 해결하는 과정을 몸으로 경험하게 된다. 수업과 시험이라는 경쟁 관계를 벗어난 진정한 친구 관계로써의 상호작용은 필요한 사회성을 길러주고, 건강한 또래 관계를 형성

하는 데 필수적이다. 아이들은 또래들과 함께 놀면서 자연스럽게 소속감을 느끼게 되며, 고립감과 외로움을 극복하게 된다.

◦ **자존감 및 자기 효능감 증진:** 아이들은 놀이를 통해 새로운 것을 배우고, 타인과 협력하는 법을 배우게 된다. 그 속에서 자신의 능력을 발휘하고 역할을 찾으며 성공하는 경험을 갖게 된다. 놀이라는 관계 속에서 자신의 존재감을 확인하고 자존감이 높아지면서 스스로 만족할 때, 아이의 자기 효능감이 커진다. 이러한 과정이 반복될 때 아이는 내면에 회복탄력성을 기를 수 있게 된다.

우리나라 대다수 아이들은 놀지 못하는 아이들이 되었다. 아니, 놀 수 없기에 놀지 못하게 되었다. 유치원부터 초·중·고에 이르기까지 아이들은 친구들과 더 놀고, 쉬고, 체험해야 한다. 그것이 아이들에게 보장해 줘야 할 '놀 권리'이다.

지금 놀면서 배워야 할 아이들이 외우고, 풀고, 오직 입시만을 준비하다가 고립된 관계 속으로 스스로 들어가 나오지 못하고 있다. 아이들의 놀 권리를 보장하고, 이들이 즐겁게 놀 수 있는 시간을 '교육'이 제공해야 하며, 지역 사회는 안전하고 재미있는 공간을 제공해야 한다. '놀이'는 더 큰 치유의 힘이 될 수 있다.

지원 체계

아이들이 마음이 아프고 우울한 상태가 되어 혼자 감당하기 어려울 때가 있다. 갑작스러운 가정환경 변화로 경제적 어려움이나 심리적인 문제에 빠질 수도 있다. 이럴 때 주변의 도움을 받아야 하지만, 아이들에게는 그마저도 쉽지 않은 것이 현실이다. 특히 담임 교사의 경우, 산적한 행정 업무에 치여 아이들 한 명 한 명의 심리, 가정환경, 학업, 진로 관리를 모두 감당하기 어려운 실정이다.

● **청소년 지원 시스템**

◦ **학교사회복지사:** 다양한 이유로 학교라는 시스템에 적응하기 힘들어하는 아이들을 지원하는 시스템이 교육 체계 내에 있다. 담임 교사 외에 학교 내에 학교사회복지사와 전문 상담 교사가 배치되어 있다. 학교사회복지사들은 아이들의 학업, 정서, 대인 관계 문제를 상담하고 심리 치료에서부터 진로 탐색에 이르기까지 개별 맞춤 지원 프로그램을 제공한다. 저소득층, 다문화 가정 학생들에게는 교육 격

차 해소, 정서적 돌봄, 인권 문제를 전담해 지원하기에 아이들과 학부모들의 만족도가 높다. 그러나 경기도의 경우 2022년 현재 6개 도시 107개 학교에 110명이 배치되어 있을 뿐이다. 이마저도 1년 단위로 고용이 유지되면서 해마다 존폐의 기로에 서곤 한다. (인천일보 2022. 7. 17)

○ **전문 상담 교사:** 초·중·고에 배치된 전문 상담 교사(순회 교사 포함) 배치율도 2024년 기준 전체 학교 대비 48.4%에 불과하다. 초·중등 교육법에 따르면 학교는 교내에 전문 상담 교사를 두거나 시·도 교육 행정 기관에 두어야 하지만, 전문 상담 교사는 한 학교당 한 명에도 미치지 못하는 셈이다. 게다가 전문 상담사 배치율은 24.8%에 불과하다. 학교 폭력을 당했다는 학생 비율은 2%대로 4년 연속 증가하고 있어, 학교 내 마음 건강 관련 상담 인력은 여전히 부족한 실정이다.

○ **Wee 클래스:** 2008년부터 시작된 Wee 프로젝트로 학교 안에 마련된 학생 상담실이다. 친구 관계나 진로 등 다양한 고민을 전문 상담 교사와 함께 나눌 수 있는 소통 및 상담 공간이며, 교육 프로그램을 운영하고 있다 학생들을 대상으로 '또래 상담' 동아리를 운영하기도 한다. 소속 학교에 Wee 클래스가 없다면 해당 학교 관내 Wee 센터를 통해 동일한 서비스를 받을 수 있다.

○ **청소년 상담복지센터:** 청소년기본법상 청소년으로 규정된 만

9세부터 24세까지의 청소년을 대상으로 무료 상담, 보호, 자립 등 맞춤형 서비스를 지원하는 청소년 상담 전문 기관이다. 17개 광역 지자체와 226개 기초 지자체에 모두 소재하고 있으며, '청소년전화 1388'을 운영하여 개인 상담, 가족 상담, 집단 상담 등 더 전문적이고 장기적인 도움을 받을 수 있다. 그러나 대부분의 센터에서 상담을 받으려면 수개월씩 대기해야 하는 것이 현실이다.

◦ **청소년 전화 1388 및 온라인 상담:** 급하게 마음이 힘들거나 당장 이야기할 사람이 없을 때, 365일 24시간 언제든지 전화, 문자, 채팅 등으로 상담받을 수 있는 서비스다. 얼굴을 보지 않고 익명으로 상담할 수 있어 부담 없이 마음속 이야기를 털어놓을 수 있다. 최근에는 청소년 전용 모바일 상담 앱 등 디지털을 활용한 상담 서비스도 늘어나는 추세이다.

◦ **교육복지센터:** 학교 내 기초생활수급 가정, 한부모 가정, 차상위 가정, 다문화 가정, 북한 이탈 주민, 위기 가정의 아이들과 교사 추천 교육 취약 학생을 대상으로 심리·정서 지원부터 학생 및 가족의 상황과 욕구를 통합적으로 파악해 집중 지원한다. 학교의 특성에 맞춘 맞춤형 학교 지원 사업도 진행하고 있으며, 지역 교육청과 지방자치단체가 협업하여 운영하고 있다. 지역 내 교육 복지 대상 청소년은 늘어나고 있지만, 지원 예산 부족으로 기존의 아이들조차 모두 지원받지 못하는 실정이다.

 마음 출구를 묻다 | 황인국

◦ **청소년 진로 직업 체험 지원센터:** 교육청, 지방자치단체, 지역사회와 함께 청소년들에게 진로 설계 지원과 직업 체험 등을 제공하여 청소년들의 진로 역량을 성숙시키는 역할을 한다. 진로 적성 검사 및 진로 상담, 진로 설계 프로그램 개발 및 운영, 진로 직업 체험처 발굴, 진로 체험 협력 네트워크 구축 등을 주요 사업으로 학교와 연계하여 진로 박람회 등을 개최한다.

2017년 한국청소년재단 간부들과 함께 일본의 청소년 진로 사업 현황을 파악하기 위해 도쿄 지역 학교들을 방문했었다. 오랜 시간이 지났고 당시 극히 일부 학교 교사들만을 면담했기에 전체적인 일본 교육 현실과 학교 현황을 파악하는 데는 분명한 한계가 있지만, 당시 현지 교사들과 나눈 대화는 지금도 기억에 남는다.

"한국에서는 정부나 교육 당국에서 학교 학생들을 위해 어떤 지원 체계가 있습니까?"

"아이의 조건에 따라 맞춤형으로 지원합니다. 예를 들어 심리적인 부분은 전문 상담 교사나 학교 사회복지사가 개별 상담부터 진로 상담을 담당합니다. 지역사회에서는 상담복지센터와 교육복지센터, 진로센터가 각각의 기능과 역할에 맞게 아이들을 지원합니다. 학교 밖 청소년이 된 경우에는 학교 밖 청소년 지원센터에서 검정고시와 진로 상담을 지원해 줍니다. 또 위급한 상담을 위해 전국에 청소년 긴급 전화가 있습니다."

"스고이! (대단하네요!)"

“아, 그런데 궁금한 게 있습니다.”
“네, 말씀하십시오.”
“그럼…, 담임 선생님은 주로 무엇을 하시나요?”

비행(非行) vs 비행(飛行)

‘사고 쳤다’고 표현되는 아이의 행위는 흔히 청소년 비행(非行)으로 분류된다. 소소한 장난을 넘어 공동체의 규칙을 빈번히 어기고 일탈 행위를 반복할 때, 이들은 ‘문제아’ 또는 ‘비행 청소년’으로 지칭될 수 있다.

● 비행의 원인과 현황

일반적으로 비행 청소년의 1차적 원인은 가정 환경 문제인 경우가 많다. 소년 재판 대상자 중 47.9%가 한부모나 조손 가정 출신이며 1년 내 재범률이 58.8%에 달한다는 통계는 이러한 추론에 객관성을 부여한다. 그러나 반드시 가정이 경제적 어려움만이 원인은 아니다. 중산층 가정의 경우에도 부모의 애정 결핍, 무관심, 갈등, 형제나 타인과의 비교, 무시 등이 원인이 되기도 하고, 학업 스트레스, 학교 내 따돌림, 친구의 영향 등 그 사유는 다양하다.

친구들과 어울리고 싶은 마음과 호기심에 집단의 일원이 되기도 한다. 이는 아이들에게 새로운 경험에 대한 자연스러운 욕구이기도 하다. 함께 어울리는 또래 친구들의 강압적 권유는 아이들 세계에서 거부하거나 뿌리치기 쉽지 않다. 성인 사회에서도 술 한 잔을 거절하는 것이 어려운데, 아이들만의 세계에서 단호하게 그런 행동을 한다는 것은 매우 어렵다. 어떤 청소년들은 또래나 다른 사람들의 관심을 받기 위해 즉흥적인 일탈 행위를 하기도 하며, 최근에는 모든 통계가 보여 주듯 SNS의 부정적인 영향이 청소년 비행에 큰 영향을 미치고 있다.

청소년 비행은 최근 10년간 전반적으로 감소 추세를 보였으나, 최근 2~3년 사이에 다시 증가세로 전환되었다. 12~13세 소년의 비행이 2004년 이후 크게 증가했고, 14~15세 청소년의 비중도 2005년 이후 늘어난 반면, 18~19세 비율은 감소하여 저연령화가 뚜렷하게 나타난다. 성별에서도 남자 청소년 비율은 감소하는 반면 여자 청소년 비율이 증가해 소년원 수용 여성 청소년 비율이 2.5배 가까이 늘었다. 또한 폭력, 따돌림, 도박, 절도 등 기존의 비행 유형에서 사이버상의 따돌림, 도박 등 새로운 유형의 청소년 비행이 증가하는 추세이다.

청소년 비행은 예방에 초점을 맞춰 사전에 대응하는 것이 최선이다. 아무리 노력해도 문제가 발생한 이후에 해결하고 치유하며 회복하는 데는 예방에 들이는 시간과 노력의 몇 배 이상이 소요되기 때문이다. 때로는 그러한 사후 노력과 무관하게 회복과 정상화에 너무 많은 에너지를 소진하여 개인과 가족, 주변 이웃의 삶에 막대한 영향을 주게 된다.

문제가 발생한 이후에라도 가족 내 상담과 대화로 아이의 상태를 공유하고 개선점을 함께 찾아야 한다. 학교에 복귀한 후에는 더욱 세심한 관리가 필요하다. 아이와 교사들 사이의 관계에서 아이가 안전한 감정을 느끼며 학교생활에 연착륙할 수 있도록 도와야 한다. 지역사회에서도 정기적인 상담과 멘토링 등을 통해 아이의 마음을 회복시키는 데 함께 노력해야 할 것이다. 가정, 학교, 지역사회가 전문가들과 함께 아이의 건전한 일상 회복을 위한 지지, 지원, 협조 체계를 구축하여 실제로 아이들의 삶을 관리해 줄 때, 아이들의 비행(非行)은 한 번쯤 하늘 위를 날아본 아찔했던 비행(飛行)으로 추억될 수 있다.

위와 같은 다소 이상적인 대응 방식의 실천 이전에 어른들이 한 번쯤 생각해 봐야 할 것들이 있다. '이 아이는 왜 이곳까지 오게 되었을까?', '이 아이가 이 자리에 오기까지 처음의 시작점은 어디였을까?', '이 아이는 왜 그런 행동을 하게 되었을까?'

김길태는 2010년 우리 사회에 큰 충격을 준 흉악 범죄를 저지르고 그해 6월 부산지법에서 사형을 선고받은 후 대법원에서 확정되어 현재 복역 중이다. 그의 이름이 '길에서 태어났다'는 소문이 있었을 만큼, 그 이름에서부터 많은 생각을 하게 한다. 그는 2세 때 교회 앞에

버려진 후 입양되어 중1 때 본인이 입양되었다는 사실을 알게 된 후 방황을 시작한다. 결국 고1 때 자퇴를 하고 이후 잦은 사고를 치다 수차례 소년원과 교도소를 전전하게 된다. 범행 당시 33세였던 그는 이미 11년을 교도소에서 보낸 상태였다.

잔혹한 범죄 행위에 대한 합당한 법적 처분과는 별개로, 그의 성장 과정만을 떼어 놓고 보면 일말의 안타까운 마음을 갖게 된다. 만약 그의 유년 시절부터 청소년기 동안 정서적으로 도움을 줄 만한 주변 이나 지역사회의 관계망이 있었다면, 혹시라도 그의 인생이 달라지 지 않았을까 하는 생각을 하게 되는 것이다.

긴 인생을 살아온 건 아니지만 아이들도 삶의 스토리가 있고 곡절 이 있다. 유전적 요인이 아니라면 그 어떤 이유가 배경이 되어 이처럼 '문제 청소년'으로 '비행 청소년'의 길을 가며 질책과 처벌을 받게 되 었는지, 그 아이가 걸어온 길을 함께 걸어 본다면, 그 아이를 동일한 이유로 또 만나는 경우는 줄어들 수 있을 것이다.

성장하는 모든 것은 다르지 않다. 누가 어떻게 얼마나 돌보느냐에 따라 모든 생명체는 나름의 결실을 향해 자라게 된다. 기회를 잃은 젊음은 없듯이, 아이들의 미래는 누군가의 결심에 따라 언제든지 달 라질 수 있다.

학교 밖 아이들

음악이 더 좋아서
Uh 난 학교를 안 갔어
사고 쳤단 생각은 마
공부도 아마 못하진 않았어

하굣길 놀러 가자고 하는
친구도 뒤로한 채 난
노래하고 춤추고 놀았지만
방황은 아니었어

(중략)

학 학 학 학 학교를 안 갔어
학 학 학 학 버스를 놓쳤어
학학학 학교를 안 갔어

학 학 학 학 엄마 미안해
　　　　〈학교를 안 갔어〉, 치타(Cheetah) & 강남 (2016)

학교 밖 청소년은 다양한 이유로 현재 정규 학교를 다니지 않는 청소년을 일컫는다. 일부에서는 학업 중단 청소년, 등교 거부 청소년, 중도 탈락 청소년 등의 용어로 지칭되기도 한다. 〈학교 밖 청소년 지원에 관한 법률〉에 따르면, 학교 밖 청소년은 초등학교·중학교에 입학한 후 3개월 이상 결석하거나 취학 의무를 유예한 청소년, 학교에서 제적·퇴학 처분을 받은 청소년, 애초에 고등학교에 진학하지 않은 청소년을 말한다.

2023년 정부가 학령기 아동·청소년 통계를 구축하면서 발표한 학교 밖 청소년 수는 16만 명에 이른다. 코로나19 팬데믹을 겪는 동안 학업 중단 학생은 약 5만 명으로, 2020년 약 3만 명 대비 확연히 늘어나기도 했다. 문제는 2025년 교육 기본 통계 발표대로 유치원과 초·중·고교생 수가 1년 사이 13만 3,459명(2.3%) 감소했음에도 불구하고 학업 중단 청소년 수는 큰 변동이 없다는 점이다.

아이들이 학교 밖으로 나가는 이유는 무엇일까? 여성가족부의 '2023 학교 밖 청소년 실태 조사' 보고서에 따르면, 학교 밖으로 나온 시기는 고등학교(62.2%), 중학교(20.8%), 초등학교(17.0%) 순으로 나타났다. 특히 초등학교 학업 중단율이 급격히 증가했는데, 그 이유의 61.3%가 부모의 권유였다. 이는 주로 유학을 위한 결정이었음을 추정하게 한다. 이는 교육 초기 단계에서부터 학부모들이 우리나라 공교육의 현황과 수준에 대한 불만을 전제로 두고 있으며, 향후 교육 체계 전반에 대한 기대가 낮다는 것을 의미한다. 이러한 현상은 학부모가 체감할 수 있는 교육 체계의 변화가 없다면 앞으로도 지속될 수밖에 없을 것이다.

학교를 그만둔 시기별 주요 이유

(2023년 학교 밖 청소년 실태 조사 참조)

시기	주요 이유	비고
전체	부모님 권유(61.3%), 심리·정신적 문제(37.9%)	(복수응답)
초등학교	부모님 권유(61.3%)	나이, 부모 결정의 중요성
중학교	부모님 권유(35.2%), 심리·정신적 문제(28.8%)	학업·진학 부담 증가, 심리적 스트레스 시작
고등학교	심리·정신적 문제(37.9%), 시간을 마음대로 쓰고 싶어서(24.5%), 다른 곳에서 원하는 것을 배우려고(24.1%)	학업·진학 부담 최고조

위 표에서 보듯이, 학교를 그만둔 주된 이유 중 '부모님 권유'가 초·중등 단계에서 중요한 역할을 한다. 반면, 고등학교 때 학교를 그만

둔 이유로는 '심리·정신적 문제'가 가장 큰 비중을 차지한다. '시간을 마음대로 쓰고 싶어서'와 '다른 곳에서 원하는 것을 배우려고'가 그 뒤를 잇는다. 주목할 점은 '심리·정신적 문제'가 중학교 때부터 28.8%로 나타난다는 것이다. 학년이 오를수록 학업과 진학에 대한 부담감, 또래 집단에서의 사회적 위치, 미래에 대한 불안감 등이 가중되면서 스트레스가 심리·정신적 문제로 이어지는 것으로 보인다.

상당수 청소년과 부모들은 당사자나 아이들이 겪는 심리적 문제가 무엇인지 잘 이해하지 못하거나 도움을 요청하는 방법을 모르는 경우가 많다. '본인이 하려고만 하면 다 방법이 있는데 의지가 없는 게 문제다'와 같은 반응은 청소년의 특성이나 주변 환경을 이해하지 못한 태도이다. 여전히 학교나 가정에서의 정신 건강 지원이 부족한 상황에서 청소년은 학교 안이 아닌 학교 밖으로 눈을 돌릴 수밖에 없게 된다. 엄밀히 말하면 아이들의 현실적인 문제를 품어내고 수용하며, 발달적 특성과 가정 환경을 고려한 진단과 처방을 제시하여 진로를 열어 주는 학교의 기능과 역할이 이에 미치지 못하기 때문에 아이들과 부모들이 학교라는 틀을 벗어나려는 것이다.

과거의 획일적이고 고정적인 틀을 벗어나 변화하고 있는 사회 흐름을 고려할 때, 꼭 정규 학교를 다녀야만 원하는 교육을 받을 수 있는 것은 아니다. 전통적인 학교 교육에서 벗어나 다른 교육 기관이나 방식을 통해 학생의 개별 상황에 맞는 최적의 학습 환경을 제공할 수 있다. 그러나 심리·정신적 문제로 학교를 그만둔 학생들은 필요한 시기에 적절한 사회적 지원을 받지 못할 경우, 개인적·사회적 고립에 빠질 수 있다는 문제가 있다.

해외 유학이나 개인의 관심에 따른 자발적 선택으로 학교를 떠나는 경우를 제외하고, 학교 밖 청소년은 심리적 어려움, 사회적 소외, 진로 문제 등 다양한 문제를 겪게 된다. 친구 관계 단절로 인한 관계망 축소와 외로움은 물론, 정규 교육 과정에서 제공받는 진로 탐색의 부족으로 상대적인 불이익도 발생한다. 성인의 경우에도 조직에서 혼자 이탈할 때 자존감 저하와 감정 조절에 어려움을 겪는다. 청소년은 학교를 떠난 후 일시적이든 장기적이든 우울, 불안 상태에 놓이게 될 가능성이 크다. 게다가 나름의 규칙과 통제에 의해 관리받던 신분에서 혼자 모든 것을 통제하고 판단하며 행동하는 것 또한 정말 어려운 현실이다.

뚜렷한 목표 의식과 방향성을 가지고 가족의 협조를 받으며 학교를 떠난 일부 아이들을 제외하고는, 기본적인 생활 관리부터 실패하고 나태해지기 쉽다. 자연스럽게 스마트폰 과몰입과 그에 따른 부작용이 일상화될 수 있으며, 비행이나 건강 문제가 빈번하게 나타난다. 이런 상황에서 가족과의 갈등이나 비행 행동으로 인한 법률적 문제까지 발생하게 되면 삶의 나침반은 오랫동안 한 방향으로 기울어진다.

청소년 상담 전화 1388

3.9

2024년 9월 7일 제정된 〈학교 밖 청소년 지원에 관한 법률(약칭: 학교밖청소년법)〉은 학교에 재학하지 않는 만 9세에서 24세 이하의 청소년을 대상으로 상담, 교육, 직업 체험, 취업, 자립 및 건강 진단 등 다양한 지원을 명문화했다. 여성가족부는 각 시·군·구에 위치한 학교 밖 청소년 지원센터 '꿈드림'을 통해 이러한 지원을 실행하고 있다. '꿈드림'은 검정고시 준비, 진로 탐색, 직업 훈련, 심리 상담 등을 제공하며, 24시간 운영되는 청소년 상담전화 1388을 통해 언제든지 도움을 받을 수 있게 했다.

● 학교 밖 청소년의 정의와 현실

〈학교 밖 청소년 지원에 관한 법률〉에 따르면, 학교 밖 청소년은 다음 기준에 해당하는 만 9세에서 24세 이하 청소년을 의미한다.

○ 초·중학교 입학 후 3개월 이상 결석하거나 취학 의무를 유예한

청소년

- 고등학교에서 제적, 퇴학 처분을 받거나 자퇴한 청소년
- 고등학교에 진학하지 않은 청소년

이러한 학교 밖 청소년은 학업 스트레스, 친구나 교사와의 갈등, 가정 문제, 학교 폭력, 스마트폰 과몰입, 은둔 고립 등 다양한 문제들이 복합적으로 작용한 결과물인 경우가 많다. 이 때문에 정부 차원에서 이 문제의 해결을 위해 법률을 제정하고 체계적인 지원 방안을 마련하게 되었다. 2023년 기준 학교 밖 청소년은 16만 명에 달하며, 코로나19를 거치며 학업 중단 학생이 크게 증가하기도 했다.

● 주요 지원 서비스

여성가족부는 학교 밖 청소년 지원센터 '꿈드림'을 통해 학교 밖 청소년이 사회로 복귀하고 자립할 수 있도록 교육, 진로, 심리, 정서 등 다방면의 서비스를 제공하고 있다.

- **교육 및 진로 지원**: 검정고시 준비, 비정규 교육 프로그램, 진로 탐색, 자격증 취득, 대학 진학 설명회 등
- **직업 훈련 및 자립 지원**: 직업 훈련, 인턴십, 취업 연계, 자립 역량 강화 프로그램 등
- **심리·정서 지원**: 전문 상담사에 의한 심리 상담, 건강 검진 연계, 문화 예술 활동 지원 등

특히, 청소년 상담전화 1388은 365일 24시간 연중 상시 운영되어 전화, 문자, 채팅으로 긴급 상담을 받을 수 있는 서비스다. 전국 시·군·구의 '꿈드림'에는 청소년 상담사, 청소년 지도사, 사회복지사들이 배치되어 아이들과 학부모의 현실적인 고민을 함께 해결해 주고 있다. 또한, 검정고시 대비반의 높은 합격률과 고용노동부 직업훈련 프로그램과의 연계를 통한 취업 사례도 많다. 일정 기간 주거지가 필요할 경우 단기 및 장기 쉼터를 통해 지원받을 수도 있다.

샘…, 어떤 말부터 해야 할지 모르겠어요.

제가 여기에 쓰는 사람 모두 고맙고 사랑하는 사람들이지만, 선생님께는 정말 감사하고 또 죄송하고 사랑한다는 말을 먼저 하고 싶어요.

샘하고는 정말 많은 일이 있었던 것 같아요.

근데 생각나는 건 샘의 우는 모습밖에 잘 생각나지 않아요.

다 제 탓인 것 같아요. 그래서 너무 죄송하고요.

그중에서 가장 기억에 남는 건 샘이 저 때문에 사당역에서 우셨을 때예요.

그때 한참 제가 엄청 속상하게 했죠. (중략)

하지만 시간이 지날수록 샘이 그때 왜 그러셨는지 이해가 갔고 또 감사했어요.

제가 샘한테 예전에 이런 말 한 적 있죠? 샘은 돈 벌지 말라고요.

내가 나중에 다 먹여 살린다고요. 장난식으로 말했지만 진심이었고 나중에 정말 성공해서 샘이 저한테 해주셨던 거 다 갚을게요.

물론 물질적으로 갚을 수 있는 것들은 아니지만요.

샘, 정말 사랑하고 감사합니다. 아 참, 그리고 아프지 마세요.^^
- 2003년 도시속작은학교 졸업생 김다원 자서전

2000년 IMF 외환위기 때 경제적 이유로 학업을 중단한 아이들을
대상으로 한국청소년재단이 만든 '도시속작은학교'. 청소년 NGO에
서 처음 만든 도시형 대안학교로, 현재는 서대문 청소년센터, 마포
청소년문화의집, 궁동 청소년문화의집에서 '도시속작은학교', '비전
학교', '달꿈 학교'라는 이름으로 중등 및 고등 과정을 운영하고 있다.

한국청소년재단이 운영하는 대안학교의 대표적인 교육 과정은 다
음과 같다.

1. 도보 여행

2003년 처음 시작된 '나에게 도전, 세상에 도전'이라는 구호 아래
서울에서 속초까지 220km를 걷는 일정으로, 20년간 이어져 왔다.
물집과 온몸의 고통을 함께 겪으면서도 매일 저녁 도보를 마치면 하
루에 대한 평가와 토론이 이어진다. 학교에 부적응하고 일상에 무기
력했던 아이들이라고는 믿기지 않는 광경이 펼쳐진다. 아이들과 교
사들은 함께 걸으며 협동을 배우고 몸으로 협력을 익히며, 하나의 팀
이 되어 간다.

2. 자서전 쓰기

고등 과정 학생들은 전원 자서전을 쓰고 졸업식에서 발표해야 졸업장을 받는다. 듣고, 쓰고, 읽고, 말하는 것과는 인연이 없던 아이들에게 자서전 쓰기는 도보 여행보다 더 큰 고통이기도 하다. 힘들게 쓴 내용을 발표하는 것 역시 결코 쉬운 일이 아니다. 일부 아이들은 이 과정을 이겨내지 못하기도 하지만, 대부분은 교사들의 지도 아래 차근차근 집필 과정을 거친다. 아이들은 자신의 10대와 화해하며 졸업이라는 의식을 치른다. 도보 여행과 자서전 쓰기라는 두 가지 과정을 통해 아이들은 끝맺음과 완주의 의미를 스스로 깨닫게 된다.

● **대안학교의 역할과 유형**

우리 사회의 입시 경쟁은 가족과 개인의 인생을 걸고 치르는 총성 없는 전쟁이다. 그 열차에서 내려진 아이들과 가족의 두려움과 불안은 이루 말할 수 없다. 다양한 이유로 부적응했던 경험들은 아이들에게 낙인이나 깊은 상처로 남는다. 이러한 상황에서 자신에게 맞는 대안학교를 만난다는 것은 다시 얻은 기회의 열차에 탑승하는 것과 같다. 물론 이곳에서도 어려움은 생길 수 있지만, 대부분의 대안학교는 아이들의 현 상황에 맞는 맞춤형 진로를 제시하며 제도권 학교와는 구별되는 대안적 학습을 지원한다.

대안학교의 종류는 다양하다. 운영 형태에 따라 기숙형/비기숙형, 제도권/비제도권으로 나뉜다. 기존 학교의 학력을 인정받으면서 정규 교육 과정과 대안 교육 과정을 운영하는 위탁형 대안학교와, 정규 학력 취득을 위해 검정고시를 치러야 하는 비인가 대안학교가 있다. 최근에는 종교적 정체성에 따라 대안학교를 운영하는 사례가 늘고 있으며, 홈스쿨링을 비롯해 사회 현상을 반영하는 다양한 형태의 대안적 교육이 시도되고 있다. 전통적인 대안학교가 기존 제도 교육과 다른 가치관과 철학을 바탕으로 설립되었다면, 최근에는 제도 교육의 문제를 보완하거나 협력적 역할을 수행하는 대안적 학습 공간이 생겨나고 있다.

중요한 것은 아이들이 회복하는 것이다. 아이들이 관계를 회복하고 앞으로 나아갈 이유를 찾는 것이다. 아이들과 교사들이 그러한 과정을 만들어내는 곳이라면 어디나 대안학교이고, 대안 교육을 실천하는 공간이다.

청소년 시설

3.11

청소년 시설은 청소년 시기에 필요한 다양한 경험을 또래들과 함께 어울리고 학습하며 성장하는 청소년을 위한 공간이다. 최근에는 지역 사회 중심의 교류, 문화, 체험, 활동 공간으로 기능하는 것이 특징이다.

청소년 시설은 우선 가정 내 보호가 어려운 청소년들을 위한 보호시설(쉼터, 복지관)이 전국적으로 운영되고 있다. 이들 시설은 청소년의 안전한 보호와 지원은 물론 해당 시기의 정서적 안정과 사회 적응을 돕는 다양한 프로그램을 운영하고 있다.

청소년센터, 문화의집 등은 전문 청소년 지도사들이 운영하며, 지역사회 청소년들이 문화 예술, 체육, 진로 프로그램 등을 체험하고 활용할 수 있도록 다양한 프로그램을 운영하고 있다. 또한, 최근에는 지역사회와 연계한 청소년 참여형 프로그램, 자립 지원 등 청소년의 성장과 자립을 지원하는 방향으로 그 기능과 역할이 확대되고 있다.

2004년 2월 9일 제정된 〈청소년활동진흥법〉 제11조 3항은 다음과 같이 규정하고 있다.

"시·도지사 및 시장·군수·구청장은 읍·면·동에 제10조 제1호에 따른 청소년 문화의 집을 1개소 이상 설치·운영해야 한다."

청소년 시설별 개요 및 특성

시기	주요 이유
청소년센터	다양한 참여, 활동을 체험할 수 있는 시설 및 설비를 갖춘 종합시설. 청소년이 이용하기 편리한 일상 생활권 및 도심 근교에 위치. 실내 집회장, 체육시설, 자치활동실, 상담실, 휴게실 등 설치.
청소년 문화의 집	청소년이 일상적으로 이용할 수 있는 지역사회 청소년 활동체험 공간. 프로그램실, 강의실, 동아리실 등 구비.
청소년 특화시설	청소년 직업체험, 문화예술, 과학정보 등 특정 목적의 청소년 활동을 전문적으로 실시할 수 있는 시설과 설비를 갖춘 청소년 시설. 일상생활권, 도심지 및 근교 등 청소년들이 이용하기 편리한 곳에 설치.
유스호스텔	청소년의 숙박 및 체류에 적합한 시설을 갖춘 여행 청소년 활동 지원시설. 명승고적지, 역사유적지 등 청소년 여행활동에 적합한 곳에 설치.
청소년수련원	숙박기능을 갖추고 다양한 체험 활동이 가능한 시설과 설비를 갖춘 수련시설. 자연과 더불어 수련활동을 실시하기에 적합한 지역에 위치. 생활관, 식당, 실내 집회장, 야외 집회장, 체육 활동장, 강의실 등 설치.
청소년야영장	야영활동에 적합한 시설 및 설비를 갖춘 야영 수련시설. 자연경관이 수려한 지역, 국립·도립·군립 공원에 설치.

청소년 시설은 지역사회 내 제2의 학교로서 청소년의 교육과 성장을 담당하는 핵심 공간이다. 입시 중심의 학교 교육에서 벗어나 또래들과 자유롭게 교류하고 활동하는 것은 해당 시기에 매우 중요한 경험이다. 특히, 전문 청소년 지도사의 안내와 지도에 따라 청소년운영위원회, 참여위원회 등의 활동에 직접 참여하는 것은 청소년들의 리더십 함양과 예비 시민으로서의 성장에 큰 영향을 미친다. 또한, 지역사회와 연계된 다양한 인적·물적 자원을 활용한 프로그램을 통해 지역사회에 대한 자긍심과 소속감을 높이는 것도 청소년 시설의 중요한 역할이다. 학교와 학원 외에 갈 곳이 마땅치 않은 청소년들에게 안전한 쉼과 여가 공간을 제공한다.

이러한 중요성에도 불구하고, 현재 청소년 시설들은 대체로 정체되거나 퇴보하고 있는 실정이다. 청소년 인구가 감소하고 있지만, 청소년 사업의 가짓수나 내용은 줄지 않는다. 오히려 빠르게 변화하는 청소년들의 욕구에 맞춰 지도사들의 업무 부담은 늘고 있다.

여기에 더해, 지방자치단체의 시설 평가와 행정 사무 감사는 해마다 다양한 이름으로 포장되어 증가하고 있으며, 그에 따른 행정 서류의 양도 급증하고 있다. 이로 인해 청소년 시설 종사자들은 아이들을 만나는 시간보다 서류 작업에 우선순위를 누게 된다. 결국, 서류로 진행되고 평가되는 관료 시스템이 강화되면서 쌓이는 서류의 높이만큼 아이들과의 거리도 멀어지는 것이다.

서울을 제외한 상당수의 지방자치단체에서는 청소년 시설을 직영 체제로 운영한다. 이로 인해 청소년 정책과 사업이 정치적 환경에 영향을 받게 되는 현상이 나타나고 있다. 일부에서는 지방자치단체장의 개인적인 관심이나 요구에 따라 사업의 방향과 내용이 수정되기도 한다.

또한, 청소년 시설을 전문적으로 운영해야 할 일부 지자체 산하 청소년 육성 재단에는 단체장의 선거 관련 논공행상 인사나 퇴직 공무원의 낙하산 인사가 공공연하게 진행되고 있다. 이는 청소년 시설을 단순히 인사 자리나 관리 대상으로 보는 전근대적인 인식에서 비롯된 것으로, 청소년과 시설의 발전을 저해하는 요인이 되고 있다.

우리나라 어린이와 청소년의 삶의 만족도가 OECD 국가 중 최하위라는 연구 결과는 어제오늘의 일이 아니다. 유니세프 아동연구소(이노첸티연구소)의 2025년 연구에 따르면, 우리나라 어린이와 청소년의 삶의 만족도는 OECD 국가 중 최하위권에 머무르고 있다. 정신 건강 부문은 36개국 중 34위, 신체 건강은 40개국 중 28위로 모두 하위권이다. 반면, 기초 학력 성취도는 선진국 중 가장 높게 나타나 아이들이 겪는 삶의 불균형이 두드러진다. 이는 대한민국이 어린이와 청소년이 행복하게 살기엔 어려운 나라임을 방증한다.

마을 어디에도 아이들이 마음껏 뛰어놀 곳이 없다. 동네 놀이터가 사라진 지 오래고, 이제는 공공 놀이터마저 줄어들고 있다. 학교 체육 수업은 권장 시간을 채우지 못하고 다른 교과나 자습으로 대체되는 현상까지 나타나고 있다. 지역 사회에서 우리 아이들이 마음 편히 갈 곳은 정말 부족한 실정이다.

그래도 돌 틈새를 뚫고 꽃이 피듯 아이들이 쉬고 충전할 수 있는 공간들이 있다. 지역 사회 내 청소년 시설은 관계를 회복하고 자신의 마음을 들여다볼 수 있는 안전한 공간이다. 힘들어하는 아이들의 일상을 보듬고 토닥이며, 잊고 있던 주도성과 창의성을 키워 주고 이 시기에 꼭 필요한 친구를 만들어 주는 회복과 성장의 공간이다.

독산청소년문화의집 – 아이들의 마음을 채우는 작은 공간

서울 금천구 독산청소년문화의집에서 5월 청소년의 달을 맞이해서 준비한 특별한 축제의 이름은 〈다: ON랜드〉이다. 평소 학교와 학원을 반복하던 일상을 잠시 멈추고 소소한 행복에 집중할 수 있도록 마련된 자리였다.

청소년문화의집 잔디마당은 평소와 전혀 다른 풍경으로 변했다. 알록달록한 텐트가 설치되고, 체험거리와 먹거리가 가득했다. 아이들은 시험과 공부 걱정을 잠시 내려놓고, 또래 친구들과 웃으며 어울렸다. 청소년들의 깔깔 웃는 모습을 지켜보는 것만으로도 미소가 절로 난다.

무대에서는 청소년들이 돌아가며 '나의 행복'을 이야기했다.
"행복은 가족과 함께 저녁을 먹는 시간입니다."
"저는 시험이 끝나고 좋아하는 노래를 들으며 멍하니 있는 게 행복해요."

"바로 지금 이 순간이에요!"

짧지만 진솔한 대답들이 이어지자 곳곳에서 웃음과 박수가 터졌다. 다:ON랜드는 아이들에게 "행복은 멀리 있는 게 아니라 일상 속에 있다"는 사실을 몸소 깨닫게 해 준 시간이었다.

〈캠플〉

청소년들의 관심을 반영해 마련된 도심 속 캠핑 프로그램 〈캠플〉은 단순한 야외 활동을 넘어, 청소년들의 정서적 회복과 관계 회복을 돕는 장이다.

파란 하늘과 하얀 구름이 예쁘게 떠 있던 가을날, 청소년문화의집 잔디 마당에는 알록달록한 텐트가 줄지어 세워졌다. 텐트 안에서 아이들은 삼삼오오 모여 앉아 보드게임을 하거나 이야기를 나누며 웃음을 터뜨렸다. 도시의 한복판에서 이뤄진 캠핑은 아이들에게는 쉼과 즐거움, 부모 세대에게는 자녀와 다시 연결되는 계기가 되었다.

그 짧은 하루가 친구들과의 관계를 회복시키고, 가족과 공동체를 치유하는 힘으로 이어졌다. (독산청소년문화의집 백수연 관장)

월곡청소년센터 – 청소년 시설은 지역 사회의 중심

청소년들이 기획부터 운영 및 평가까지 전 과정에 주도적으로 참여하며 집단 역량과 사회성, 리더십을 향상시킨다. 청소년 시설의 주도하에 18개에 달하는 서울 성북구 단체와 유관 기관들이 함께 참여해서 청소년 중심 지역사회 축제를 운영한다.

　서울 성북구 월곡청소년센터의 월곡달빛문화축제 이야기이다.
　벌써 6회째. 2000여 명의 청소년은 물론 가족 단위 참가자들이
함께 지역애(愛)를 나눈다. 해마다 가을이 오면 성북구 월곡2동 일대
는 청소년들의 함성이 가득하다.

〈더 뮤즈 청소년 오케스트라〉

　누구나 한 번쯤 오케스트라의 일원이 되어 악기를 연주하는 상상
을 한다. 그러나 쉽게 기회의 문이 열리지 않는다. 월곡청소년센터에
서는 누구나 신청할 용기와 포기하지 않고 완주할 끈기만 있다면 정
기 연주회의 아티스트가 되어 박수를 받는다. 더 시에나 그룹의 후원
으로 시작된 더 뮤즈 오케스트라는 성북구의 자랑이다. 2023년부터
시작되어 매주 1회 연습을 진행하고 방학에는 집중 연습으로 기량을
향상시킨다.

　지역 사회에서의 초청 공연도 이어져서 축제, 행사마다 아이들은
멋진 공연으로 앙코르를 연호받곤 한다. 그러나 아이들에게 연주 연
습과 공연 준비보다 더 중요한 건 함께 예술적 감수성을 나누고 협동
과 협력의 과정을 배우고 익히는 친구들을 만나는 것이다. 음악을 매
개로 한 소통과 성장은 참여하는 아이들의 최종 목표다. 그리고 지역
사회 내에서 청소년의 위상을 스스로 높이고 청소년 시설의 의미와
역할을 새롭게 써 가고 있는 것이다.

　　　　　　　　　　　　　　　마음 출구를 묻다 | 황인국

목동청소년센터 – 세상 밖으로 한 걸음, 일단 나와!

"행복동행학교는 나에게 찾아온 행운이었다. 평소 친구들과 어울리기 어려웠는데 여러 활동을 하며 선생님, 친구들과 친해질 수 있었다. 특별히 밴드 활동이 기억에 남는다. 다양한 악기들의 소리가 하모니를 이루는 과정이 친구와 대화하는 법, 그들을 믿는 법, 의견을 모으는 법인 것 같아 큰 도움이 되었다."

행복동행학교 참여 청소년 바이스(닉네임 18세)

2024년 한국청소년재단이 은둔고립 청소년 문제의 심각성 해결을 서울시에 제안하고 운영 중인 목동청소년센터에서 시범 사업을 시작하게 되었다. 마음의 담을 쌓고 깊은 동굴 속으로 들어간 아이들이 다시 친구들과 어울리고 건강한 일상을 되찾는다는 것이 쉬운 일은 아니다. 길이 없는 길을 만드는 노력으로 시행착오를 겪으면서도 꾸준히 추진해서 이제는 아이들의 일상 회복을 위한 '유스톡 프로젝트', 학교로 직접 찾아가 청소년의 관계 형성을 지원하는 '유스톡 스쿨', 또래들과의 추억을 쌓는 '유스톡 캠프', 그리고 '보호자 자조모임'을 통해서 아이들과 가족의 회복을 지원하고 있다.

〈더 뮤즈 청소년 합창단〉

아이들이 마음 모아서 하모니를 만들 때 그것은 희망이 된다. 합창은 아이들 스스로 자신의 마음을 위로하고 스트레스를 풀어 주어 심리적인 안정을 돕게 된다. 함께하는 공동 작업을 통해서 자연스럽게 협력, 소통, 책임감을 배우게 되고 조화를 추구하는 공동체 의식을 기르게 된다. 이곳은 합창을 통해서 아이들이 자신과 타인을 사랑하게 되는 긍정 학교, 자신감 학교다.

"노래를 좋아해서 합창단을 신청하게 되었다. 엄마의 추천도 있었지만 학교 끝나고 매일 1시간씩 버스를 타고 와서 합창을 한다. 처음에는 솔직히 힘들어서 포기할까도 생각했었다. 그래도 참고 정기 연습에 오다 보니 친구, 동생들과 간식도 먹고 장난도 치고 재미있다. 이젠 목소리에 힘도 생기고 자신감이 생겼다. 이제는 합창단 가는 날이 기다려진다."

참여 청소년 박00 (중학교 1학년)

더 시에나 그룹은 2022년부터 현재까지 더 뮤즈 청소년 오케스트라와 청소년 합창단 운영을 후원하고 있다.

서대문청소년센터 – 청소년이 만드는 세대 통합 공간

서대문구는 전국 기초 지자체 중 가장 많은 9개 대학이 소재한 대학의 도시, 청년의 도시이다. 그에 맞게 한국청소년재단이 운영하는 서대문청소년센터, 홍은청소년문화의집, 가재울청소년센터에서는 대학생 청년들과 함께 청소년과 청년을 위한 사업들을 진행하고 있다. 그중 대표적인 사업이 S-지니어 사업이다.

S-지니어 사업은 특히 기후 변화 대응을 위한 지역 사회의 인식

개선과 대응을 위한 환경 프로그램을 기획하여 진행함으로써 높은 호응을 얻고 있다. 참여 대학생들도 기후 위기에 대한 학습과 프로그램 운영으로 지역 사회에 대한 이해를 높이고 봉사 정신을 체득하게 됨으로써 민주시민으로서의 역량을 키우게 된다.

〈나도 포토그래퍼〉

한국청소년정책연구원의 조사에 따르면 봉사활동에 참여한 청소년의 78.6%가 자신의 능력을 타인과 나눌 때 보람을 느낀다고 응답했다. 미디어 기기와 친숙한 청소년들이 사진 촬영 교육을 통해 익힌 기술이 지역 사회 어르신들의 이벤트 촬영으로 확장되어 청소년 재능 기부의 사례가 되고 있다. 이 사업에 함께 참여하는 청소년과 어르신들은 자연스럽게 소통과 공감의 시간을 갖게 되면서 세대 간 이해와 통합을 높이는 효과도 낳고 있다.

마포청소년문화의집 – '나'와 '우리'를 위한 청소년문화의집

처음 면접을 볼 때 눈 맞춤조차 못 하고 대화에 어려움을 보였던 아이가 자몽에서 2년간 근무하면서 바리스타 교육과 서비스 경험을 쌓게 되었다. 자연스럽게 고객들과 대화하게 되고 함께 근무하는 친구들과 관계를 맺어서 매니저를 수행하게 되었다. 2016년부터 마포청소년문화의집에서 학교 밖 청소년들과 학업 중단 위기 청소년들에게 일 경험, 상담, 교육을 지원하는 CAFE 자몽 이야기다.

〈마음곳간〉

2022년 마포구 청소년 요구조사에 따르면 청소년에게 가장 필요한 공간으로 '휴식공간(39%)'을 1순위로 선택했다. 특히 '어른들의 시선으로부터 자유로우면서 눈치 보지 않고 편하게 휴식할 수 있는 공간이 필요하다'는 청소년들의 의견을 반영하여 청소년 1인 공간을 만든 것이다. 2024년도에 마음공간 이용 청소년들은 만족도 조사에서 '마음곳간을 이용하면서 전반적으로 만족스러웠다'에 응답자 100%가 '그렇다'라고 응답하였으며, 4.9점으로 (5점 척도) 매우 높은 만족도를 보였다.

마음곳간은 치료, 상담 중심의 기존 접근을 넘어서 일상에서 청소년 스스로 마음을 돌볼 수 있는 예방적 접근을 제공한다는 점에서 사회적 의미가 크다고 할 수 있다.

한국청소년재단에서는 마음 곳간의 사례를 자기돌봄(Self-care) 문화를 확산시키는 계기로 만들고자 운영 시설에 확대하고 있다.

〈스포츠축제 MSL〉

아이들과 어른들 대부분의 사람은 운동하고 땀 흘린 뒤의 상쾌함을 기억한다.

이러한 사실은 여러 통계에서도 입증되고 있는데, 2022년 마포구 청소년 요구 조사에서도 지역 청소년들이 가장 참여하고 싶은 청소년 활동으로 42.25%의 청소년이 스포츠 활동을 선택했다. 입시 교육의 압박감에 시달리고 있는 청소년들이 다양한 신체 활동으로 에

너지를 표출하고 친구들과 함께 팀워크를 맞춰 연습과 경기를 하는 것은 또래 관계 강화에서도 좋은 효과를 나타내는 건 당연한 일이다.

특히 풋살, 농구 등 종목별 토너먼트와 더불어 학교별 응원전, 응원 도구 제작, 스포츠 체험 부스, 동아리 공연 등 선수와 관객, 방문객 모두가 즐길 수 있는 프로그램을 진행함으로써 사회 문제 해결과 청소년의 요구를 함께 반영한 스포츠 축제로 자리매김하였다.

한국청소년재단, 25년

올해로 한국청소년재단을 시작한 지 25년이 되었다.

1995년 한국청년의전화로 시작해서 1999년 학업 중단 청소년의 비행 예방을 위한 공공근로사업을 진행한 것을 계기로 도시속작은학교를 개교하게 되고, 한국청소년재단으로 전환해서 오늘에 이르렀다.

짧지 않은 그 시간은 아이들을 위해서 일할 때 행복을 느끼는 사람들의 꿈과 열정이 만든 기록물이다. 아이들과 함께 배우면서 아이들과 함께 성장해 온 사람들의 아름다운 시간들이다. 적지 않은 시간만큼 많은 일을 해 왔다. 다른 단체나 사람들이 '아직 하지 않았던 일'

들을 한국청소년재단은 '처음'이란 이름으로 해 왔다.

도시형 대안학교, 인턴십 센터, 청소년 민주시민 아카데미, 18세 선거권 운동, 해외 자원봉사단, 청소년 희망대상, 사랑의 몰래 산타 대작전, 투표한 다람쥐, 부엉이 감시단, 더뮤즈 오케스트라 & 합창단, 마음건강 행복동행학교….

서울 금천구, 구로구, 마포구, 서대문구, 성북구, 영등포구에 한국청소년재단이 운영하는 청소년 행복 충전소들이 있다. 늘 새로움을 펄럭이며 한 걸음 더 아이들에게 다가서는 청소년 지도사들이 있다. 열악함 그 자체의 조건에서 일하면서도 미래 세대를 키우고 성장시키고 있다는 자부심으로 버티고 전진하는 청소년의 진실한 친구들이 있다.

한국청소년재단과 아이들의 진실한 친구들이 해야 할 일이 있다.

아이들이 성적과 스펙의 압박을 이겨내고 친구들과 관계를 맺을 줄 알고, 사람들 속에서 두려워하지 않을 자신만의 힘을 만들 수 있도록, 친절한 응대와 배려심, 존중의 마음을 가슴에 품고 실천할 수 있도록, 한국청소년재단의 울타리에서 안전하게 키우는 것이다. 지금 한국청소년재단이 진행하고 있는 사업과 모델에 더 많은 청소년을 참여시키고 다시 일으켜 세우는 것이다.

1000만 국가를 상상해야 하는 인구 감소 시대에 우리의 청소년들이 '희망'에 동의하고 '열정'을 선택하고 '행복'을 느끼게 하는 일이 한국청소년재단의 '소명'이다.

'세상을 바꾸는 것은 사람이고, 사람을 바꾸는 것은 교육이다.'

청소년 마음 건강 이야기

우리가 만난 동굴 속 아이들

초판 1쇄 발행	2025년 11월 27일
지은이	김병후·황인국
기획	한국청소년재단
펴낸이	이옥란
펴낸곳	미래출판기획
출판등록	제2007-000109호
주소	서울시 영등포구 국회대로 780,1137호 (여의도동, 여의도LG에클라트)
전화	02-786-1774
팩스	0504-381-5919
이메일	dldhrfks@hanmail.net
종이	월드페이퍼(주)
인쇄 제본	(주)상지사P&B
ISBN	979-11-85047-38-6 (03590)